R.S.
14/12/22

Nombres parfaits

Egaux à la moitié de la somme de ses diviseurs
© 2022, RS

$$\sigma(n) = 2n$$

6
28
496
8 128
33 550 336
8 589 869 056
137 438 691 328
2 305 843 008 139 952 128
2 658 455 991 569 831 744 654 692 615 953 842 176

...

Table des matières

1. Définition 6

2. Exploration 9

3. Nombre parfait impair 14

4. Approximation de la somme des diviseurs d'un nombre parfait impair 16

    a. Approximation 1 16

    b. Approximation 2 18

    c. Approximation 3 21

    d. Approximation 4 23

5. Somme exacte des diviseurs et nombres parfaits pairs 25

6. Existence ou non de nombre parfait impair 28

7. Propriétés des nombres parfaits pairs 38

    a. Somme de puissances de deux 38

    b. Date parfaite 38

    c. Nombres triangulaires 39

    d. En binaire 39

    e. Somme des inverses des diviseurs = 2 40

    f. Moyenne harmonique des diviseurs entière 41

    g. Dernier chiffre toujours 6 ou 8 41

    h. Somme de cubes impairs consécutifs 42

    i. Somme itérée des chiffres = 1 42

8. Somme alternée des diviseurs croissants 43

9. Conclusion 48

10. Références 48

11. Annexe 1 49

12. Annexe 2 52

A mes chers enfants, Amélie et Victor.

"Le parfait est ce qui n'est plus à refaire...",
André Gide

"Il ne faut pas attendre d'être parfait pour commencer quelque chose de bien.",
Abbé Pierre, Servir

1. Définition

Un nombre parfait est un nombre entier positif égal à la moitié de la somme de ses diviseurs. Par exemple :

$$6 \; est \; parfait \; car \; 2 \times 6 = 12 = 1 + 2 + 3 + 6 \tag{1.1}$$

A ce jour, on ne connait pas de nombre parfait impair. Et nul ne sait s'il en existe. En revanche il existe une 50aines de nombres parfaits pairs dont on connait la forme depuis très longtemps (Euclide). Voici les 70 premières valeurs où les deux premiers nombres parfaits pairs sont visibles :

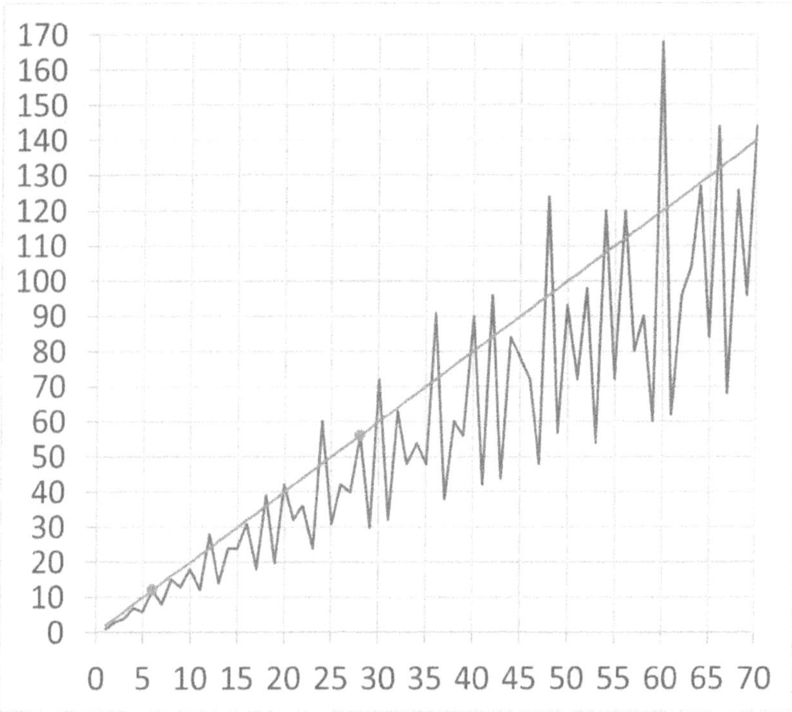

On a tracé la droite $2n$ pour repérer les intersections. On trouve :

$$n = 6 = 2 \times 3 \; avec \; 2 \times 6 = 12 = 1 + 2 + 3 + 6$$

Et :

$$n = 28 = 2^2 7 \; avec \; 2 \times 28 = 56 = 1 + 2 + 4 + 7 + 14 + 28$$

Si on pousse un peu plus loin jusqu'à 1000, on obtient :

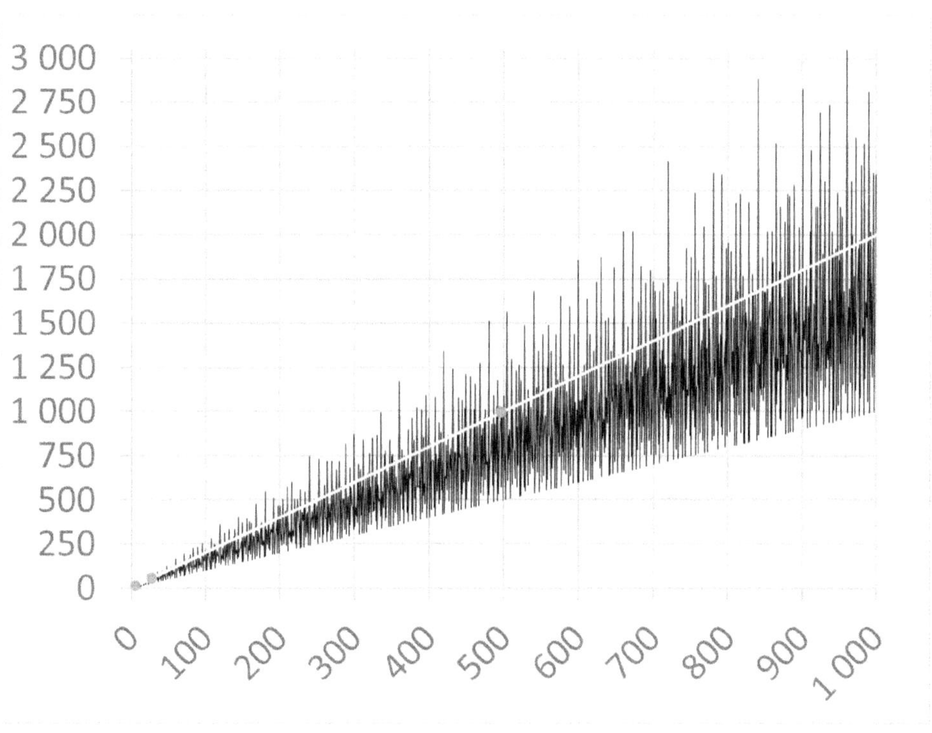

Ce qui n'ajoute qu'un seul nombre parfait supplémentaire :

$$n = 496 = 2^4 31$$

$$Avec \; 2 \times 496 = 992 = 1 + 2 + 4 + 8 + 16 + 31 + 62 + 124 + 248 + 496$$

On définit les trois types de nombres suivants :

$$n \in \mathbb{N} \text{ est un nombre} \begin{cases} \textbf{\textit{parfait}} \text{ si la somme de ses diviseurs} = 2n \\ \textbf{\textit{déficient}} \text{ si la somme de ses diviseurs} < 2n \\ \textbf{\textit{abondant}} \text{ si la somme de ses diviseurs} > 2n \end{cases} \qquad (1.2)$$

Le tableau de tous les nombres parfaits, déficients, abondants et premiers inférieurs ou égaux à 1 000 avec leurs diviseurs est disponible en annexe. Les nombres parfaits sont vraiment très rares. Les nombres abondants représentent environ 1 nombre sur 4 et les déficients 3 nombres sur 4. Ce sont les plus nombreux. Voici les proportions sur les 1 000 premiers nombres entiers :

Nombres	Quantité	%
Déficients	751	75,10%
Abondants	246	24,60%
Parfaits	3	0,30%
Total	**1000**	**100,00%**
Dont premiers	168	16,80%

2. Exploration

Voici pour les dix premières valeurs leur somme de diviseurs :

$$
\begin{array}{ll}
1 & 1 \\
2 & 1+2=3 \\
3 & 1+3=4 \\
4 & 1+2+4=7 \\
5 & 1+5=6 \\
6 & 1+2+3+6=12 \\
7 & 1+7=8 \\
8 & 1+2+4+8=15 \\
9 & 1+3+9=13 \\
10 & 1+2+5+10=18
\end{array}
$$

Difficile de trouver un ordre dans cette progression chaotique. Commençons pas à pas par ce qu'est un nombre entier. En effet, tout nombre entier se décompose en produit de ses facteurs premiers comme suit :

$$\forall n \in \mathbb{N} \ et \ n > 0 \rightarrow n = \prod_{k=1}^{\pi(n)} p_k^{v_k(n)} \tag{2.1}$$

$$
Avec \begin{cases}
p_k = k^{ième} \ nombre \ premier \ avec \ p_1 = 2, p_2 = 3, p_3 = 5, etc. \\
- \\
v_k(n) = exposant \ du \ k^{ième} \ nombre \ premier \ composant \ n \\
- \\
\pi(n) = nombre \ de \ nombres \ premiers \leq n
\end{cases}
$$

C'est le fameux théorème fondamental de l'arithmétique. De plus, grâce à la formule de Legendre, on connait :

$$n = \frac{n!}{(n-1)!} \rightarrow v_k(n) = v_k(n!) - v_k\big((n-1)!\big) = \sum_{j=1}^{\left\lfloor \frac{\ln(n)}{\ln(p_k)} \right\rfloor} \left\lfloor \frac{n}{p_k^j} \right\rfloor - \sum_{j=1}^{\left\lfloor \frac{\ln(n-1)}{\ln(p_k)} \right\rfloor} \left\lfloor \frac{n-1}{p_k^j} \right\rfloor \tag{2.2}$$

Par exemple :

$$n = 12 \rightarrow \pi(12) = \{2; 3; 5; 7; 11\} = 5$$

Et :

$$
\begin{cases}
\left\lfloor \dfrac{\ln(12)}{\ln(2)} \right\rfloor = \left\lfloor \dfrac{\ln(11)}{\ln(2)} \right\rfloor = 3 \to v_1(12) = \left\lfloor \dfrac{12}{2} \right\rfloor + \left\lfloor \dfrac{12}{4} \right\rfloor + \left\lfloor \dfrac{12}{8} \right\rfloor - \left(\left\lfloor \dfrac{11}{2} \right\rfloor + \left\lfloor \dfrac{11}{4} \right\rfloor + \left\lfloor \dfrac{11}{8} \right\rfloor \right) = 10 - 8 = 2 \\[2ex]
\left\lfloor \dfrac{\ln(12)}{\ln(3)} \right\rfloor = \left\lfloor \dfrac{\ln(11)}{\ln(3)} \right\rfloor = 2 \to v_2(12) = \left\lfloor \dfrac{12}{3} \right\rfloor + \left\lfloor \dfrac{12}{9} \right\rfloor - \left(\left\lfloor \dfrac{11}{3} \right\rfloor + \left\lfloor \dfrac{11}{9} \right\rfloor \right) = 5 - 4 = 1 \\[2ex]
\left\lfloor \dfrac{\ln(12)}{\ln(5)} \right\rfloor = \left\lfloor \dfrac{\ln(11)}{\ln(5)} \right\rfloor = 1 \to v_3(12) = \left\lfloor \dfrac{12}{5} \right\rfloor - \left\lfloor \dfrac{11}{5} \right\rfloor = 2 - 2 = 0 \\[2ex]
\left\lfloor \dfrac{\ln(12)}{\ln(7)} \right\rfloor = \left\lfloor \dfrac{\ln(11)}{\ln(7)} \right\rfloor = 1 \to v_4(12) = \left\lfloor \dfrac{12}{7} \right\rfloor - \left\lfloor \dfrac{11}{7} \right\rfloor = 1 - 1 = 0 \\[2ex]
\left\lfloor \dfrac{\ln(12)}{\ln(11)} \right\rfloor = \left\lfloor \dfrac{\ln(11)}{\ln(11)} \right\rfloor = 1 \to v_5(12) = \left\lfloor \dfrac{12}{11} \right\rfloor - \left\lfloor \dfrac{11}{11} \right\rfloor = 1 - 1 = 0
\end{cases}
$$

$$
\to 12 = \frac{12!}{11!} = 2^2 3^1 5^0 7^0 11^0
$$

Ensuite, le nombre total de diviseurs d'un nombre vaut :

$$
\forall n \in \mathbb{N} \; et \; n > 0 \to t(n) = \prod_{k=1}^{\pi(n)} (v_k(n) + 1) = \prod_{k=1}^{\pi(n)} \left(1 + \sum_{j=1}^{\left\lfloor \frac{\ln(n)}{\ln(p_k)} \right\rfloor} \left\lfloor \frac{n}{p_k^j} \right\rfloor - \sum_{j=1}^{\left\lfloor \frac{\ln(n-1)}{\ln(p_k)} \right\rfloor} \left\lfloor \frac{n-1}{p_k^j} \right\rfloor \right) \quad (2.3)
$$

En effet, puisqu'il y a $v_k(n) + 1$ possibilités (nombre de puissances de 0 à $v_k(n)$) pour p_1 et autant pour les nombres premiers suivants. Par exemple :

$12 = 2^2 3^1$ *est divisble par* $\{1; 2; 3; 4; 6; 12\}$ *et* $t(12) = (2 + 1)(1 + 1) = 6$ *nombres.*

On définit enfin la somme des diviseurs d'un nombre entier par :

$$
\sigma(n) = \sum_{k=1}^{t(n)} d_k(n) \; avec \; \begin{cases}
d_k(n) = k^{\text{ième}} \; diviseur \; de \; n \\
d_1(n) = 1 \\
d_2(n) \geq 2 \; si \; n > 1 \\
d_{t(n)-1}(n) \leq \dfrac{n}{2} \; si \; n > 1 \\
d_{t(n)}(n) = n
\end{cases} \quad (2.4)
$$

Soit :

$$\sigma(n) = 1 + n + \sum_{k=2}^{t(n)-1} d_k(n) \tag{2.5}$$

Attention à ne pas confondre :

$$\begin{cases} d_k(n) = k^{i\text{ème}} \; diviseur \; de \; n \\ \overline{} \\ t(n) = nombre \; de \; diviseurs \; de \; n \\ \overline{} \\ \sigma(n) = somme \; des \; diviseurs \; de \; n \end{cases}$$

Une première étape est franchie. Nous savons enfin formuler la somme des diviseurs d'un nombre entier. On définit alors l'index d'abondance comme suit :

$$1 \le I(n) = \frac{\sigma(n)}{n} = Index \; d'abondance \tag{2.6}$$

Donc pour un nombre parfait, on a :

$$n \; parfait \; si : 2n = \sigma(n) \rightarrow I(n) = 2 \tag{2.7}$$

On reprend la courbe précédente en traçant $I(n) - 2$ avec $n \le 70$. Ainsi, on a un nombre parfait dès que cet index est nul.

Voici cette courbe :

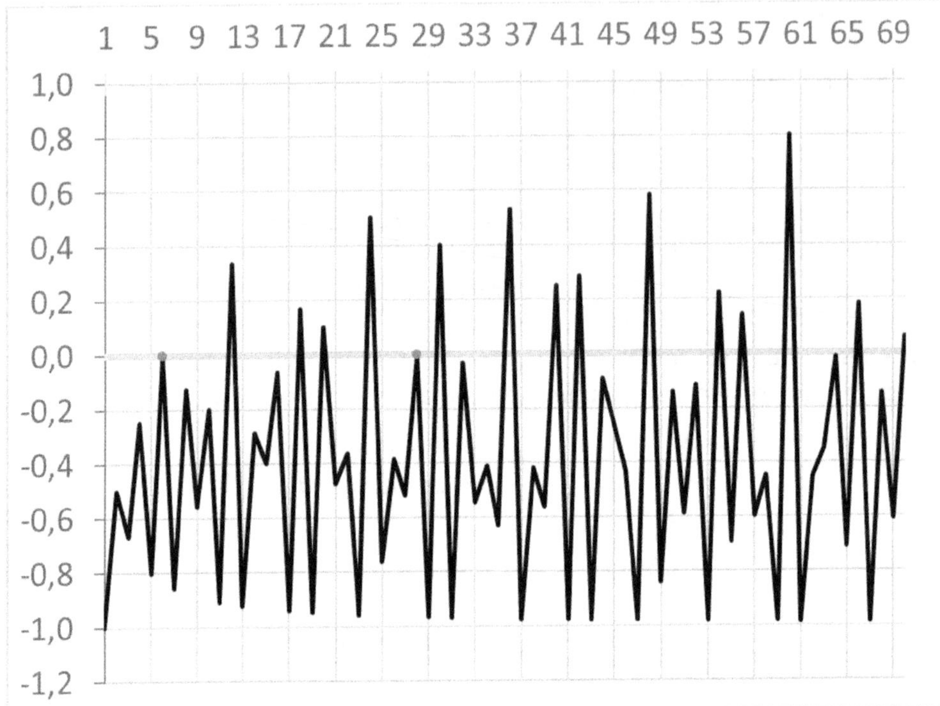

On retrouve nos deux nombres parfaits pairs 6 et 28 dans cet intervalle. A noter, que tous les nombres premiers sont légèrement supérieurs à -1 puisque :

$$p\ premier \to \sigma(p) = p + 1 \to I(p) - 2 = \frac{1}{p} - 1 > -1 \qquad (2.8)$$

Les nombres dont leurs valeurs sont supérieures à zéros sont les nombres abondants et ceux inférieurs à zéros sont les nombres déficients. Ainsi :

$$\begin{cases} I(n) > 2 \to n\ abondant \\[6pt] I(n) = 2 \to n\ parfait\ (rare) \\[6pt] I(n) < 2 \to n\ déficient\ (nombreux) \end{cases} \qquad (2.9)$$

On remarque sur notre courbe précédente qu'il y a à priori beaucoup plus de nombres déficients qu'abondants. Et que les nombres parfaits sont rares. Bien sûr, il faudrait regarder à plus grande échelle pour confirmer davantage cette affirmation. On sait aussi de notre remarque précédente que :

$$\textit{Tous les nombres premiers sont déficients.} \tag{2.10}$$

Et que la réciproque est fausse :

$$\textit{Tous les nombres déficients ne sont pas premiers.} \tag{2.11}$$

Voici donc les sommes des diviseurs pour tout $n \leq 1\,000$:

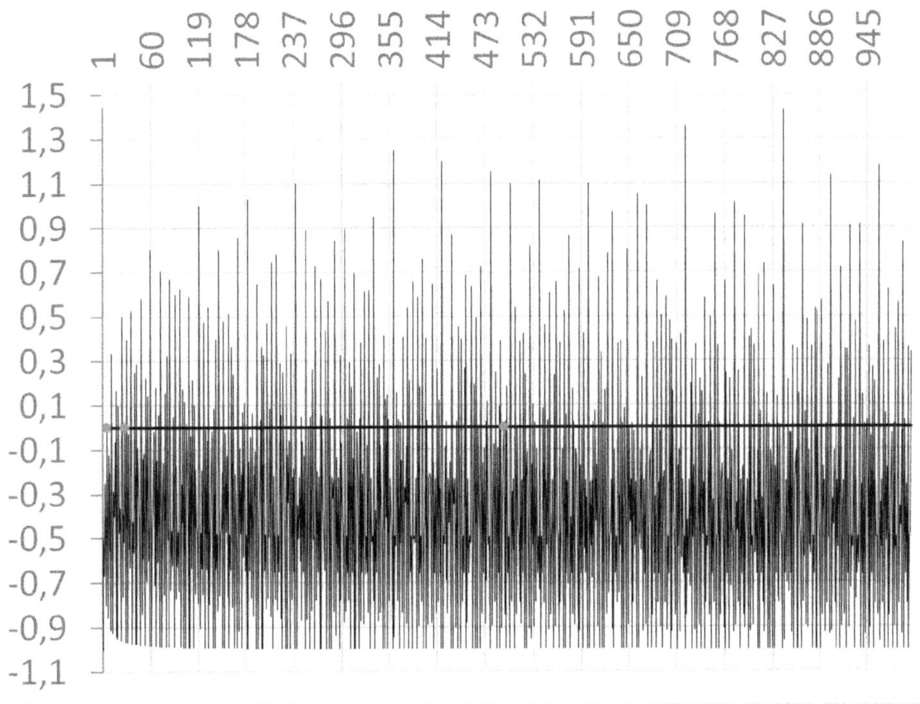

On retrouve notre troisième nombre parfait : 496. Et effectivement, les nombres déficients sont majoritaires et donc plus nombreux que les abondants. Les nombres parfaits sont rares, seulement : $\frac{3}{1000} = 0,3\%$.

3. Nombre parfait impair

On a trouvé trois nombres parfaits pairs. En existe-t-il des impairs ? On recherche ainsi :

$$\forall n > 0 \rightarrow \sigma(2n+1) = 2(2n+1) \; ou \; bien \; I(2n+1) = 2 \tag{3.1}$$

Soit :

$$\sigma(2n+1) = \sum_{k=1}^{t(2n+1)} d_k(2n+1) = 2(2n+1) \; avec \begin{cases} d_1(2n+1) = 1 \\ d_2(2n+1) \geq 3 \\ d_{t(2n+1)-1}(2n+1) \leq \dfrac{2n+1}{3} \\ d_{t(2n+1)}(2n+1) = 2n+1 \end{cases} \tag{3.2}$$

Et donc :

$$2n = \sum_{k=2}^{t(2n+1)-1} d_k(2n+1) \; avec \begin{cases} d_2(2n+1) \geq 3 \\ d_{t(2n+1)-1}(2n+1) \leq \dfrac{2n+1}{3} \end{cases} \tag{3.3}$$

Premier constat, il faut trouver une somme paire. Et comme chaque diviseur $d_k(2n+1)$ est impair alors le nombre total de diviseur $t(2n+1)$ est forcément pair :

$$\sigma(2n+1) \equiv 0(mod\ 2) \rightarrow d_k(2n+1) \equiv 1(mod\ 2) \rightarrow t(2n+1) \equiv 0(mod\ 2) \tag{3.4}$$

Or si le nombre total de diviseurs est pair, c'est qu'il y a un diviseur double correspondant à un carré car :

$$Si\ 2n+1 = ab\ avec\ a \neq b\ et\ premiers \rightarrow 2\ diviseurs\ impairs\ de\ 2n+1$$
$$\rightarrow Somme\ des\ diviseurs\ (a+b)\ paire$$

Par exemple :

$$n = 3.5.7 = 105 \rightarrow d_k(105) = \begin{cases} 1; \\ 3; 5; 7; \\ 15; 21; 35; \\ 105 \end{cases} \rightarrow 8\ diviseurs$$

$$Cas\ particulier\ a = b = \sqrt{2n+1} \in \mathbb{N} \rightarrow 1\ diviseur\ impair\ (double)\ de\ 2n+1$$
$$\rightarrow Somme\ des\ diviseurs\ (a\ ou\ b)\ impaire$$

Par exemple avec :

$$n = (3.5.7)^2 = (105)^2 = 11\ 025$$

$$\rightarrow d_k(11\,025) = \left\{ \begin{array}{c} 1; \\ 3;5;7; \\ 9;15;21;25;35;49; \\ 45;63;75;\mathbf{105};147;175;245; \\ 225;315;441;525;735;1\,225; \\ 1\,575;2\,205;4\,725; \\ 11\,025 \end{array} \right\} \rightarrow 27\ diviseurs$$

Ainsi, il n'existe aucun nombres parfaits impairs carrés :

$$I(2n+1) \neq 2\ si\ 2n+1 = a^2 > 0 \tag{3.5}$$

De plus, il existe un complémentaire de chaque diviseur puisque si $2n+1 = ab$ alors a et b sont des diviseurs de $2n+1$:

$$Si\ \exists a,b > 0\ et\ ab = 2n+1 \rightarrow a|(2n+1)\ et\ b|(2n+1)$$

Ce qui implique que :

$$2n+1 = d_k(2n+1)d_{t(2n+1)-k+1}(2n+1)\ \text{où} \left\{ \begin{array}{l} k \in \left[1;\dfrac{t(2n+1)}{2}\right] \\ d_k(2n+1) < \sqrt{2n+1} \end{array} \right. \tag{3.6}$$

On a donc de manière plus compacte :

$$I(2n+1) = 2 = \sum_{k=1}^{\frac{t(2n+1)}{2}} \left(\frac{d_k(2n+1)}{2n+1} + \frac{1}{d_k(2n+1)} \right) \tag{3.7}$$

Soit :

$$1 = \frac{1}{2n+1} + \sum_{k=2}^{\frac{t(2n+1)}{2}} \left(\frac{d_k(2n+1)}{2n+1} + \frac{1}{d_k(2n+1)} \right) \tag{3.8}$$

Incroyable ! il suffit donc de connaître la moitié des diviseurs pour en déduire leur somme totale.

4. Approximation de la somme des diviseurs d'un nombre parfait impair

On cherche dans ce chapitre des approximations de somme de diviseurs et non leurs valeurs exactes. Cela permet de fixer des bornes supérieures et inférieures aux sommes de diviseurs et ainsi de savoir dans certains cas si un nombre peut être parfait ou non.

a. Approximation 1

On remarque également qu'un diviseur est espacé du suivant d'au moins 2 unités puisque tous deux impairs :

$$d_{k+1}(2n+1) \geq d_k(2n+1) + 2 \tag{4.1.1}$$

Et en cumulant cet écart minimal à partir du plus petit (respectivement du plus grand) diviseur, on obtient la borne inférieure (respectivement supérieure) suivante :

$$\sigma(2n+1) \geq 1 + [3 + 5 + \cdots + (2(t(2n+1) - 2) + 1)] + (2n+1)$$

$$= 2n + 2 + \sum_{k=1}^{t(2n+1)-2} (2k+1) = t^2(2n+1) - 2t(2n+1) + 2(n+1)$$

Et :

$$\sigma(2n+1) \leq (2n+1) + \left[(2n-1) + (2n-3) + \cdots + \left(2n + 1 - 2(t(2n+1) - 2)\right)\right] + 1$$

$$= 2n + 2 + \sum_{k=1}^{t(2n+1)-2} (2n + 1 - 2k) = -t^2(2n+1) + 2(n+2)t(2n+1) - 2(n-1)$$

D'où :

$$t^2(2n+1) - 2t(2n+1) + 2(n+1) \leq \sigma(2n+1)$$
$$\leq -t^2(2n+1) + 2(n+2)t(2n+1) - 2(n-1) \tag{4.1.2}$$

De plus, ces deux bornes permettent d'obtenir :

$$t^2(2n+1) - (n+3)t(2n+1) + 2n \leq 0$$

D'où :

$$\frac{1}{2}\left(n + 3 - \sqrt{n^2 - 2n + 9}\right) \leq t(2n + 1) \leq \frac{1}{2}\left(n + 3 + \sqrt{n^2 - 2n + 9}\right) \qquad (4.1.3)$$

Et en remplaçant cet intervalle, on a :

$$\sigma(2n + 1) \geq \frac{1}{2}\left(n^2 + 4n + 7 - (n + 1)n\sqrt{1 - \frac{2}{n} + \left(\frac{3}{n}\right)^2}\right) \approx 2(n + 1) \qquad (4.1.4)$$

Et :

$$\sigma(2n + 1) \leq \frac{1}{2}\left(n^2 + 4n + 7 + (n + 1)n\sqrt{1 - \frac{2}{n} + \left(\frac{3}{n}\right)^2}\right) \approx n^2 + 2n + 5 \qquad (4.1.5)$$

Soit en définitif :

$$2(n + 1) \leq \sigma(2n + 1) \leq n^2 + 2n + 5 \qquad (4.1.6)$$

Et :

$$1 + \frac{1}{2n + 1} \leq I(2n + 1) \leq \frac{n}{2} + \frac{3}{4} + \frac{17}{4(2n + 1)} \qquad (4.1.7)$$

A noter que la borne inférieure correspond aux nombres premiers. En effet, on a déjà vu que :

$$Si\ 2n + 1\ premier \rightarrow \sigma(2n + 1) = (2n + 1) + 1 = 2(n + 1)$$

Par exemple :

$$n = 5 \rightarrow 12 < \sigma(11) = 1 + 11 = 12 < 40$$

$$n = 7 \rightarrow 16 < \sigma(15) = 1 + 3 + 5 + 15 = 24 < 68$$

$$n = 24 \rightarrow 50 < \sigma(49) = 1 + 7 + 49 = 57 < 629$$

On a ici défini précisément un intervalle de la somme des diviseurs de n en fonction de n uniquement.

b.Approximation 2

Une approche alternative consiste à raisonner en termes de la moitié du nombre de diviseurs. Sachant que :

$$d_{\frac{t(2n+1)}{2}}(2n+1) \leq \left\lfloor \sqrt{2n+1} \right\rfloor \tag{4.2.1}$$

On a la somme des diviseurs inférieurs à $\sqrt{2n+1}$ qui vaut :

$$\sum_{k=0}^{\frac{t(2n+1)}{2}-2} (2k+1) + \left\lfloor \sqrt{2n+1} \right\rfloor \geq \sum_{k=1}^{\frac{t(2n+1)}{2}} d_k(2n+1) \geq 1 + \sum_{k=0}^{\frac{t(2n+1)}{2}-2} \left(\left\lfloor \sqrt{2n+1} \right\rfloor - 2k \right) \tag{4.2.2}$$

Soit :

$$\frac{(t(2n+1)-2)^2}{4} + \left\lfloor \sqrt{2n+1} \right\rfloor \geq \sum_{k=1}^{\frac{t(2n+1)}{2}} d_k(2n+1)$$

$$\geq \frac{(t(2n+1)-2)\left(2\left\lfloor \sqrt{2n+1} \right\rfloor + 4 - t(2n+1)\right) + 4}{4} \tag{4.2.3}$$

Et la somme des diviseurs supérieurs à $\sqrt{2n+1}$ vaut :

$$\left\lfloor \sqrt{2n+1} \right\rfloor + \sum_{k=0}^{\frac{t(2n+1)}{2}-2} \left((2n+1) - 2k\right) \geq \sum_{k=\frac{t(2n+1)}{2}+1}^{t(2n+1)} d_k(2n+1)$$

$$\geq \sum_{k=0}^{\frac{t(2n+1)}{2}-2} \left(\left\lfloor \sqrt{2n+1} \right\rfloor + 2k \right) + (2n+1) \tag{4.2.4}$$

Soit :

$$\left\lfloor \sqrt{2n+1} \right\rfloor + \frac{(t(2n+1)-2)(4n+6-t(2n+1))}{4} \geq \sum_{k=\frac{t(2n+1)}{2}+1}^{t(2n+1)} d_k(2n+1)$$

$$\geq \frac{(t(2n+1)-2)\left(t(2n+1) - 4 + 2\left\lfloor \sqrt{2n+1} \right\rfloor\right) + 8n + 4}{4} \tag{4.2.5}$$

Et en les sommant, on obtient finalement l'encadrement suivant sachant que :

$$\sigma(2n+1) = \sum_{k=1}^{\frac{t(2n+1)}{2}} d_k(2n+1) + \sum_{k=\frac{t(2n+1)}{2}+1}^{t(2n+1)} d_k(2n+1)$$

D'où :

$$(n+1)(t(2n+1)-2) + 2\lfloor\sqrt{2n+1}\rfloor \geq \sigma(2n+1)$$
$$\geq 2(n+1) + \lfloor\sqrt{2n+1}\rfloor(t(2n+1)-2) \qquad (4.2.6)$$

Enfin en reprenant les bornes précédentes du nombre de diviseurs de $2n+1$, on obtient :

$$\sigma(2n+1) \leq \frac{n+1}{2}\left(n\left(1-\sqrt{1-\frac{2}{n}+\left(\frac{3}{n}\right)^2}\right)-1\right) + 2\lfloor\sqrt{2n+1}\rfloor \approx 2(\lfloor\sqrt{2n+1}\rfloor-1)$$

$$\sigma(2n+1) \geq \frac{\lfloor\sqrt{2n+1}\rfloor}{2}\left(n\left(1+\sqrt{1-\frac{2}{n}+\left(\frac{3}{n}\right)^2}\right)-1\right) + 2(n+1) \approx \lfloor\sqrt{2n+1}\rfloor(n-1) + 2(n+1) \quad(4.2.7)$$

Soit :

$$2(\lfloor\sqrt{2n+1}\rfloor-1) \leq \sigma(2n+1) \leq \lfloor\sqrt{2n+1}\rfloor(n-1) + 2(n+1) \qquad (4.2.8)$$

Par exemple :

$$n = 5 \rightarrow 4 \leq \sigma(11) = 1 + 11 = 12 \leq 24$$

$$n = 7 \rightarrow 4 \leq \sigma(15) = 1 + 3 + 5 + 15 = 24 \leq 36$$

$$n = 24 \rightarrow 12 \leq \sigma(49) = 1 + 7 + 49 = 57 \leq 211$$

Notre nouvelle borne inférieure est moins précise que la précédente. En revanche, notre nouvelle borne supérieure est plus précise que la précédente. Si bien qu'en prenant le meilleur des deux mondes, on garde le meilleur encadrement suivant :

$$2(n+1) \geq \sigma(2n+1) \geq 2(n+1) + \lfloor\sqrt{2n+1}\rfloor(n-1) \qquad (4.2.9)$$

Et :

$$1 + \frac{1}{2n+1} \geq I(2n+1) \geq 1 + \frac{\lfloor\sqrt{2n+1}\rfloor(n-1)+1}{2n+1} \qquad (4.2.10)$$

Et pour un nombre parfait impair, on a :

$$\sigma(2n + 1) = 2(2n + 1) \leq \lfloor\sqrt{2n + 1}\rfloor(n - 1) + 2(n + 1) \to n \geq 4$$

Ainsi, si un nombre parfait existe il est au moins égal à 9.

c. Approximation 3

Comme :

$$2n + 1 = \left(\sqrt{2n+1} - k\right)\left(\frac{2n+1}{\sqrt{2n+1} - k}\right) \; avec \; 0 \leq k < \sqrt{2n+1}$$

On a :

$$2n + 1 \approx \left\lfloor \sqrt{2n+1} - k \right\rfloor \left\lfloor \frac{2n+1}{\sqrt{2n+1} - k} + 1 \right\rfloor \tag{4.3.1}$$

D'où :

$$\sigma(2n + 1) \leq \sum_{k=0}^{\lfloor\sqrt{2n+1}\rfloor - 1} \left(\left\lfloor \sqrt{2n+1} - k \right\rfloor + \left\lfloor \frac{2n+1}{\sqrt{2n+1} - k} + 1 \right\rfloor \right) \tag{4.3.2}$$

Par exemple :

$$n = 5 \to \sigma(11) = 12 \leq \sum_{k=0}^{\lfloor\sqrt{11}\rfloor - 1} \left(\left\lfloor \sqrt{11} - k \right\rfloor + \left\lfloor \frac{11}{\sqrt{11} - k} + 1 \right\rfloor \right) = 7 + 7 + 10 = 24$$

$$n = 7 \to \sigma(15) = 24 \leq \sum_{k=0}^{\lfloor\sqrt{15}\rfloor - 1} \left(\left\lfloor \sqrt{15} - k \right\rfloor + \left\lfloor \frac{15}{\sqrt{15} - k} + 1 \right\rfloor \right) = 7 + 8 + 10 = 25$$

$$n = 24 \to \sigma(49) = 1 + 7 + 49 = 57 \leq \sum_{k=0}^{6} \left(\lfloor 7 - k \rfloor + \left\lfloor \frac{49}{7 - k} + 1 \right\rfloor \right)$$

$$= 15 + 15 + 15 + 17 + 20 + 27 + 51 = 160$$

Cette simple approximation nous fournit notre actuelle meilleure borne supérieure. Elle devient moins précise si on omet les valeurs entières mais calculable. Ainsi :

$$\sum_{k=0}^{\lfloor\sqrt{2n+1}\rfloor - 1} \left(\left\lfloor \sqrt{2n+1} - k \right\rfloor + \left\lfloor \frac{2n+1}{\sqrt{2n+1} - k} + 1 \right\rfloor \right)$$

$$< \sum_{k=0}^{\lfloor\sqrt{2n+1}\rfloor - 1} \left(\sqrt{2n+1} - k + \frac{2n+1}{\sqrt{2n+1} - k} + 1 \right)$$

$$\approx (2n+1)\ln\left(\frac{1}{1-\dfrac{\lfloor\sqrt{2n+1}\rfloor}{\sqrt{2n+1}}}\right) + \left(\sqrt{2n+1} - \frac{1}{2}\lfloor\sqrt{2n+1}\rfloor + \frac{3}{2}\right)\lfloor\sqrt{2n+1}\rfloor \qquad (4.3.3)$$

d.Approximation 4

Les trois approximations précédentes considèrent que $2n + 1 = ab$ n'est composé que de deux facteurs. Mais qu'en est-il s'il est composé de davantage ? Par exemple avec trois facteurs on a :

$$2n + 1 = (2n + 1 - 2k)^{\frac{1}{3}}(2n + 1)^{\frac{1}{3}}(2n + 1 + 2k)^{\frac{1}{3}} \tag{4.4.1}$$

Et voici comment évolue cette formulation avec s facteurs :

$$2n + 1 = (2n + 1)^{\frac{1-(-1)^s}{2s}} \prod_{k=1}^{\left\lfloor \frac{s}{2} \right\rfloor} ((2n + 1)^2 - 4k^2)^{\frac{1}{s}} \text{ où } s = \lfloor \ln_3(2n + 1) \rfloor \tag{4.4.2}$$

Car le plus petit facteur doit au moins valoir :

$$\left(2n + 1 - 2\left\lfloor \frac{s}{2} \right\rfloor\right)^{\frac{1}{s}} \geq \underset{\substack{2n+1 \\ avec \\ n=1}}{3} \rightarrow = \{1; 4; 11; 30; 85; 248; 735; 2194; \dots\} = 3^s + s \leq 2n + 1$$

Et avec des parties entières, on obtient :

$$2n + 1 \approx \left\lfloor (2n + 1)^{\frac{1}{s}} \right\rfloor^{\frac{1-(-1)^s}{2}} \prod_{k=1}^{\left\lfloor \frac{s}{2} \right\rfloor} \left\lfloor (2n + 1 - 2k)^{\frac{1}{s}} \right\rfloor \left\lfloor (2n + 1 + 2k + 1)^{\frac{1}{s}} \right\rfloor$$

Soit :

$$2n + 1 \approx \left\lfloor (2n + 1)^{\frac{1}{s}} \right\rfloor^{\frac{1-(-1)^s}{2}} \prod_{k=1}^{\left\lfloor \frac{s}{2} \right\rfloor} \left\lfloor (2(n - k) + 1)^{\frac{1}{s}} \right\rfloor \left\lfloor (2(n + k + 1))^{\frac{1}{s}} \right\rfloor \tag{4.4.3}$$

Ainsi :

$$\sigma(2n + 1) \leq \left(1 + \left\lfloor (2n + 1)^{\frac{1}{s}} \right\rfloor \frac{1 - (-1)^s}{2}\right)$$

$$\times \prod_{k=1}^{\left\lfloor \frac{s}{2} \right\rfloor} \left(1 + \left\lfloor (2(n - k) + 1)^{\frac{1}{s}} \right\rfloor\right) \times \prod_{k=1}^{\left\lfloor \frac{s}{2} \right\rfloor} \left(1 + \left\lfloor (2(n + k + 1))^{\frac{1}{s}} \right\rfloor\right) \tag{4.4.4}$$

On a considéré ici que tous les facteurs de $2n + 1$ sont impairs et premiers pour à la fois simplifier l'équation du nombre de diviseurs mais aussi pour la maximiser. Par exemple :

$$n = 5 \rightarrow s = 2 \rightarrow \sigma(11) = 12 \le \left(1 + \left\lfloor 9^{\frac{1}{2}} \right\rfloor\right)\left(1 + \left\lfloor 14^{\frac{1}{2}} \right\rfloor\right) = 4\left(1 + \lfloor\sqrt{14}\rfloor\right) = 16$$

$$n = 7 \rightarrow s = 2 \rightarrow \sigma(15) = 24 \le \left(1 + \left\lfloor 13^{\frac{1}{2}} \right\rfloor\right)\left(1 + \lfloor 3\sqrt{2}\rfloor\right) = 20$$

$$n = 24 \rightarrow s = 3 \rightarrow \sigma(49) = 57 \le \left(1 + \left\lfloor 49^{\frac{1}{3}} \right\rfloor\right)\left(1 + \left\lfloor 47^{\frac{1}{3}} \right\rfloor\right)\left(1 + \left\lfloor 52^{\frac{1}{s}} \right\rfloor\right) = 64$$

Encore un :

$$n = 1111 \rightarrow s = 6 \rightarrow 2n + 1 = 2223 = 3^2 13.19$$

$$\rightarrow \sigma(2223) = 1 + 3 + 9 + 13 + 19 + 39 + 57 + 117 + 171 + 247 + 741 + 2223$$

$$= 3640 \le \left(1 + \left\lfloor (2n-1)^{\frac{1}{6}} \right\rfloor\right)\left(1 + \left\lfloor (2n-3)^{\frac{1}{6}} \right\rfloor\right)\left(1 + \left\lfloor (2n-5)^{\frac{1}{6}} \right\rfloor\right) \times$$

$$\left(1 + \left\lfloor 2^{\frac{1}{6}}(n+2)^{\frac{1}{6}} \right\rfloor\right)\left(1 + \left\lfloor 2^{\frac{1}{6}}(n+3)^{\frac{1}{6}} \right\rfloor\right)\left(1 + \left\lfloor 2^{\frac{1}{6}}(n+4)^{\frac{1}{6}} \right\rfloor\right) = 64^2 = 4096$$

Cette approximation semble très volatile. Elle est parfois en-dessous et parfois au-dessus du nombre de diviseurs recherchés.

5. Somme exacte des diviseurs et nombres parfaits pairs

Fini les approximations, trouvons maintenant une formule exacte de la somme des diviseurs d'un entier. Tout d'abord, on remarque cette propriété étonnante et utile : la somme des diviseurs est semi multiplicative. C'est-à-dire qu'on a la relation suivante uniquement si les nombres sont premiers entre eux :

$$a\ et\ b\ premiers\ entre\ eux \rightarrow \sigma(ab) = \sigma(a)\sigma(b) \tag{5.1}$$

Si bien qu'aussi :

$$a\ et\ b\ premiers\ entre\ eux \rightarrow I(ab) = I(a)I(b) \tag{5.2}$$

On calcule maintenant le nombre de diviseurs d'un nombre premier et d'un nombre premier à une puissance. Cela nous aidera à trouver une équation de la somme des diviseurs. A l'évidence puisque par définition, les diviseurs d'un nombre premier sont 1 et ce nombre premier. Un calcul de la somme géométrique permet ensuite de connaître la somme d'un nombre premier à la puissance. On a donc :

$$p\ premier \rightarrow \sigma(p) = 1 + p \tag{5.3}$$

Et :

$$p\ premier \rightarrow \sigma(p^k) = 1 + p + p^2 + \cdots + p^k = \sum_{j=0}^{k} p^j = \frac{p^{k+1} - 1}{p - 1} \tag{5.4}$$

De ce fait, la somme des diviseurs se calcule simplement avec la décomposition en facteurs premiers comme suit :

$$n = \prod_{k=1}^{\pi(n)} p_k^{v_k(n)} \rightarrow \sigma(n) = \sigma\left(p_1^{v_1(n)}\right) \sigma\left(p_2^{v_2(n)}\right) ... \sigma\left(p_{\pi(n)}^{v_{\pi(n)}(n)}\right) = \prod_{k=1}^{\pi(n)} \frac{p_k^{v_k(n)+1} - 1}{p_k - 1} \tag{5.5}$$

On peut ainsi trouver (Euler) l'ensemble des nombres parfaits pairs avec :

$$Si\ n = 2^{k-1}(2^k - 1)\ avec\ 2^k - 1\ premier\ alors\ n\ est\ un\ nombre\ parfait\ pair. \tag{5.6}$$

$$Car : \sigma(n) = \sigma\left(2^{k-1}(2^k - 1)\right) = \sigma(2^{k-1})\sigma(2^k - 1)$$

$$= \frac{2^k - 1}{2 - 1}\left(1 + (2^k - 1)\right) = (2^k - 1)2^k = 2(2^k - 1)2^{k-1} = 2n$$

On conjecture donc qu'il existe une infinité de nombres parfaits pairs. Pour cela, il faut qu'il existe une infinité de nombres dits de Mersenne premiers (de la forme $2^p - 1$ avec p premier). A ce jour on ne connait que 51 nombres de Mersenne premiers et donc 51 nombres parfaits pairs, mais toujours aucun impair trouvé. On conjecture simplement qu'il n'en existe aucun. C'est l'objet du prochain chapitre.

On aurait pu trouver ce merveilleux résultat d'Euler en recherchant la forme suivante :

$$si\ p\ premier \geq 3\ et\ n = 2^k p \rightarrow 2n = 1 + \sum_{i=1}^{k} 2^i + \sum_{i=0}^{k-1} 2^i p + n$$

D'où :

$$n - 1 = (2^k - 1)p + 2^{k+1} - 2 \rightarrow p = 2^{k+1} - 1 \rightarrow n = 2^k(2^{k+1} - 1)$$

Par exemple :

$$k = \begin{cases}
0 \to n = 2^0 1 = 1 \to \textit{non car 1 pas premier} \\[6pt]
1 \to n = 2^1 3 = \mathbf{6} \\[6pt]
2 \to n = 2^2 7 = \mathbf{28} \\[6pt]
3 \to n = 2^3 15 = 120 \to \textit{non car } 15 = 3 \times 5 \textit{ pas premier} \\[6pt]
4 \to n = 2^4 31 = \mathbf{496} \\[6pt]
5 \to n = 2^5 63 = 2016 \to \textit{non car } 63 = 3^2 7 \textit{ pas premier} \\[6pt]
6 \to n = 2^6 127 = \mathbf{8\,128} \\[6pt]
7 \to n = 2^7 255 = 32\,640 \to \textit{non car } 255 = 3 \times 5 \times 17 \textit{ pas premier} \\[6pt]
8 \to n = 2^8 511 = 130\,816 \to \textit{non car } 511 = 7 \times 73 \textit{ pas premier} \\[6pt]
9 \to n = 2^9 1023 = 523\,776 \to \textit{non car } 1\,023 = 3 \times 11 \times 31 \textit{ pas premier} \\[6pt]
10 \to n = 2^{10} 2047 = 2\,096\,128 \to \textit{non car } 2\,047 = 23 \times 89 \textit{ pas premier} \\[6pt]
11 \to n = 2^{11} 4095 = 8\,386\,560 \to \textit{non car } 4\,095 = 3^2 5 \times 7 \times 13 \textit{ pas premier} \\[6pt]
12 \to n = 2^{12} 8191 = \mathbf{33\,550\,336} \\[6pt]
\ldots
\end{cases}$$

Délicieux, n'est-ce pas ?

6. Existence ou non de nombre parfait impair

On étudie ici l'existence ou non des nombres parfaits impairs. Tout d'abord, on remarque qu'il ne peut exister de nombre parfait impair de la forme suivante :

$$n = \prod_{k=2}^{\pi(n)} p_k \rightarrow \frac{\sigma(n)}{n} = \prod_{k=2}^{\pi(n)} \frac{p_k+1}{p_k} \neq 2 \; car \; tous \; les \quad \underbrace{p_k}_{impair} \nmid \underbrace{p_k+1}_{pair} \tag{6.1}$$

La division ne peut pas être entière à cause de la parité différente du dénominateur et du numérateur. ON doit donc trouver sous la forme général n tel que :

$$n = \prod_{k=2}^{\pi(n)} p_k^{v_k(n)} \rightarrow \frac{\sigma(n)}{n} = \prod_{k=2}^{\pi(n)} \frac{p_k - \dfrac{1}{p_k^{v_k(n)}}}{p_k - 1} = 2 \tag{6.2}$$

Ainsi, si au moins un nombre parfait impair existe, il ne sera soit pas composé uniquement de nombres premiers sans puissance. De plus, la parité des exposants nous fournit une propriété utile qui permet d'aller encore un peu plus loin :

$$Si \; n \; impair \; et \; \sigma(n) = 2n \rightarrow 2|\sigma(n) \; mais \; 4 \nmid \sigma(n) \tag{6.3}$$

Et comme :

$$n = \prod_{k=2}^{\pi(n)} p_k^{v_k(n)}$$

Alors :

$$\sigma(n) = \underbrace{\left(1 + p_2 + p_2^2 + \cdots + p_2^{v_2(n)}\right)}_{\substack{somme \; paire \; si \; v_2(n) \; impair \; et, \\ somme \; impaire \; si \; v_2(n) \; pair}} \left(1 + p_3 + p_3^2 + \cdots + p_3^{v_3(n)}\right) \ldots = \prod_{k=2}^{\pi(n)} \frac{p_k^{v_k(n)+1} - 1}{p_k - 1} \tag{6.4}$$

Il existe donc qu'un seul facteur impair et tous les autres pairs, soit :

$$n = \prod_{k=2}^{\pi(n)} p_k^{v_k(n)} \; impair \; et \; tous \; les \; v_k(n) \; pairs \; (ou \; nuls) \; sauf \; un, impair. \tag{6.5}$$

Quel peut-être cet unique facteur premier avec une puissance impaire ? Cela doit engendrer un facteur 2 et non 4, 8, 16... de ce fait avec :

$$p = 3 \to \sigma(3^{2q+1}) = \frac{3^{2q+2} - 1}{3 - 1} = \frac{9^{q+1} - 1}{2} = \{4; 40; 364; 3\,280; ...\} \to 4 \mid \sigma(3^{2q+1})$$

$$p = 5 \to \sigma(5^{2q+1}) = \frac{25^{q+1} - 1}{4} = \{6; 156; 3\,906; 97\,656; ...\} \to \begin{cases} 4 \mid \sigma(5^{2q+1}) \ si \ q \ impair \\ 4 \nmid \sigma(5^{2q+1}) \ si \ q \ pair \end{cases}$$

$$p = 7 \to \sigma(7^{2q+1}) = \frac{49^{q+1} - 1}{6} = \{8; 400; 19\,608; 960\,800; ...\} \to 4 \mid \sigma(7^{2q+1})$$

$$p = 11 \to \sigma(11^{2q+1}) = \frac{121^{q+1} - 1}{10} = \{12; 1\,464; 177\,156; 21\,435\,888; ...\}$$
$$\to 4 \mid \sigma(11^{2q+1})$$

$$p = 13 \to \sigma(13^{2q+1}) = \frac{169^{q+1} - 1}{12} = \{14; 2\,380; 402\,234; 67\,977\,560; ...\}$$
$$\to \begin{cases} 4 \mid \sigma(13^{2q+1}) \ si \ q \ pair \\ 4 \nmid \sigma(13^{2q+1}) \ si \ q \ impair \end{cases}$$

$$p = 17 \to \sigma(17^{2q+1}) = \frac{289^{q+1} - 1}{16} = \{18; 5\,220; 1\,508\,598; 435\,984\,840; ...\}$$
$$\to \begin{cases} 4 \mid \sigma(17^{2q+1}) \ si \ q \ impair \\ 4 \nmid \sigma(17^{2q+1}) \ si \ q \ pair \end{cases}$$

$$p = 19 \to \sigma(19^{2q+1}) = \frac{361^{q+1} - 1}{18} = \{20; 7\,240; 2\,613\,660; 943\,531\,280; ...\}$$
$$\to 4 \mid \sigma(19^{2q+1})$$

$$p = 23 \to \sigma(23^{2q+1}) = \frac{529^{q+1} - 1}{22} = \{24; 12\,720; 6\,728\,904; 3\,559\,590\,240; ...\}$$
$$\to 4 \mid \sigma(23^{2q+1})$$

...

On a donc :

$$L'unique\ facteur\ de\ n\ avec\ une\ puissance\ impair \begin{cases} ne\ sera\ jamais\ 3, 7, 11, 19\ ou\ 23 \\ peut\ être\ 5\ avec\ 5^{4q+1} \\ peut\ être\ 13\ avec\ 13^{4q+3} \\ peut\ être\ 17\ avec\ 17^{4q+1} \end{cases} \quad (6.6)$$

Plus généralement :

$$\sigma(p^{2q+1}) = \frac{(p^2)^{q+1} - 1}{p - 1} \equiv 0 \ mod \ 4 \rightarrow (p^2)^{q+1} - 4ps + 4s - 1 = 0 \quad (6.7)$$

Difficile d'aller plus loin mais nous savons maintenant qu'il existe plusieurs candidats solides et que l'existence d'au moins un nombre parfait impair est donc mathématiquement possible. Essayons avec le plus petit :

$$n = 3^2 5^1 \rightarrow \sigma(3^2 5^1) = \frac{3^3 - 1}{3 - 1} . (5 + 1) = 13 \times 6 = 78 < 2n = 90$$

Puis :

$$n = 7^2 5^1 \rightarrow \sigma(7^2 5^1) = \frac{7^3 - 1}{7 - 1} . (5 + 1) = 57 \times 6 = 342 < 2n = 490$$

$$n = 3^4 5^1 \rightarrow \sigma(3^4 5^1) = \frac{3^5 - 1}{3 - 1} . (5 + 1) = 121 \times 6 = 726 < 2n = 810$$

$$n = 3^2 5^5 \rightarrow \sigma(3^2 5^5) = \frac{3^3 - 1}{3 - 1} . \frac{5^6 - 1}{5 - 1} = 13 \times 3906 = 50\,778 < 2n = 56250$$

$$n = 7^2 5^5 \rightarrow \sigma(7^2 5^5) = \frac{7^3 - 1}{7 - 1} . \frac{5^6 - 1}{5 - 1} = 57 \times 3906 = 222\,642 < 2n = 306\,250$$

$$n = 3^4 5^5 \rightarrow \sigma(3^4 5^5) = \frac{3^5 - 1}{3 - 1} . \frac{5^6 - 1}{5 - 1} = 121 \times 3906 = 472\,626 < 2n = 506\,250$$

$$...$$

Ce tâtonnement ne suffit évidemment pas même si nous avons pu exclure quelques nombres premiers à une puissance impair.

De plus, en remontant les invariants de parités, on trouve la propriété suivante relative au nombre de diviseurs et aux puissances des facteurs premiers de n :

$$\sigma(n) = 2 \underbrace{\underbrace{n}_{impair}}_{\substack{pair \to 2|\sigma(n) \\ mais\ 4 \nmid \sigma(n)}} = 2 \prod_{k=2}^{\pi(n)} \underbrace{p_k^{v_k(n)}}_{\substack{tous \\ impairs}} = \sum_{k=2}^{\pi(n)} \underbrace{\underbrace{d_k(n)}_{\substack{tous \\ impairs}}}_{\substack{en\ nombre \\ pair \to t(n)\ pair}} = \prod_{k=2}^{\pi(n)} \underbrace{\frac{p_k^{v_k(n)+1} - 1}{p_k - 1}}_{\frac{pair}{pair}=pair\ ou\ impair}$$

$$= \prod_{k=2}^{\pi(n)} \underbrace{\sum_{j=0}^{v_k(n)} \underbrace{p_k^{j}}_{\substack{tous \\ impairs}}}_{\substack{en\ nombre\ pair \to somme\ pair \\ en\ nombre\ impair \to somme\ impair \\ \to tous\ les\ v_k(n)\ sont\ pairs\ sauf\ un\ seul\ impair \\ car\ 2|\sigma(n)\ mais\ 4 \nmid \sigma(n)}} \rightarrow \underbrace{t(n)}_{pair} = \prod_{k=2}^{\pi(n)} \underbrace{\left(1 + v_k(n)\right)}_{\substack{un\ seul\ v_k(n)\ impair \\ tous\ les\ autres\ pairs}} \qquad (6.8)$$

Ainsi, une condition nécessaire mais pas suffisante pour trouver un ou des nombres parfaits impairs est :

$$Tous\ les\ v_k(n)\ sont\ pairs\ sauf\ un\ seul\ impair \qquad (6.9)$$

Et concernant le seul $v_k(n)$ impair de $p_k^{v_k(n)}$, on sait aussi que la somme de ses diviseurs est paire mais pas multiple de 4. Soit :

$$\frac{p_k^{v_k(n)+1} - 1}{p_k - 1} = \sum_{j=0}^{v_k(n)} p_k^{j} = 2(2u + 1)\ et\ v_k(n) = 2z + 1$$

D'où :

$$\sum_{j=1}^{2z+1} p_k^{j} = p_k \sum_{j=0}^{2z} p_k^{j} = 4u + 1 \qquad (6.10)$$

Ainsi :

$$Si\ z = 0 \rightarrow v_k(n) = 1 \rightarrow 5 \leq p_k = 4u + 1 = \{5; 13; 17; 29; 37; \ldots\}$$

$$Si\ z = 1 \rightarrow v_k(n) = 3 \rightarrow 155 \underset{p_k=5}{\leq} (p_k^2 + p_k + 1)p_k = 4u + 1 \rightarrow u \geq 39$$

$$Si\ z = 2 \rightarrow v_k(n) = 5 \rightarrow 3905 \underset{p_k=5}{\leqq} (p_k^4 + p_k^3 + p_k^2 + p_k + 1)p_k = 4u + 1 \rightarrow u \geq 976$$

Cette approche n'est pas concluante. Nous cherchons une autre voie. Continuons notre investigation. Pour atteindre un produit égal à deux, on a vu qu'il faut l'égalité suivante :

$$n = \prod_{k=2}^{\pi(n)} p_k^{v_k(n)} \rightarrow \frac{\sigma(n)}{n} = 2 = \prod_{k=2}^{\pi(n)} \frac{p_k^{v_k(n)+1} - 1}{p_k^{v_k(n)}(p_k - 1)} \tag{6.11}$$

Or :

$$\frac{\sigma(n)}{n} = \prod_{k=2}^{\pi(n)} \frac{p_k^{v_k(n)+1} - 1}{p_k^{v_k(n)}(p_k - 1)} < \prod_{k=2}^{\pi(n)} \frac{p_k}{p_k - 1} = e^{\sum_{k=2}^{\pi(n)} \ln\left(1 + \frac{1}{p_k-1}\right)}$$

$$\leq e^{\sum_{k=2}^{\pi(n)} \frac{1}{p_k-1}} \underset{p_k \geq 2k-1}{\leqq} e^{\sum_{k=2}^{\pi(n)} \frac{1}{2(k-1)}} = e^{\frac{1}{2}\sum_{k=1}^{\pi(n)-1}\frac{1}{k}} \leq e^{\frac{1}{2}\left(\ln\left(\pi(n)-1+\frac{1}{2}\right)-\ln\left(1-\frac{1}{2}\right)\right)} = \sqrt{2\pi(n) - 1}$$

D'où :

$$\sqrt{2\pi(n) - 1} > 2 \rightarrow \pi(n) > \frac{5}{2} \rightarrow n \geq 5 \tag{6.12}$$

En effet, le premier nombre parfait ($n = 6$) est bien supérieur à 5. Essayons l'inverse avec :

$$\frac{\sigma(n)}{n} = \prod_{k=2}^{\pi(n)} \frac{p_k^{v_k(n)+1} - 1}{p_k^{v_k(n)}(p_k - 1)} > \prod_{k=2}^{\pi(n)} \left(1 - \frac{1}{p_k^{v_k(n)+1}}\right) = e^{\sum_{k=2}^{\pi(n)} \ln\left(1 - \frac{1}{p_k^{v_k(n)+1}}\right)}$$

$$\geq e^{-\sum_{k=2}^{\pi(n)} \frac{1}{p_k^{v_k(n)}-1}} \underset{\substack{v_k(n)=1\ et \\ p_k=p_{\pi(n)}-2(k-2)}}{\geqq} e^{-\sum_{k=2}^{\pi(n)} \frac{1}{p_{\pi(n)}-2k+3}} = e^{\frac{1}{p_{\pi(n)}+1}\sum_{k=1}^{\pi(n)-1}\frac{1}{\frac{2}{p_{\pi(n)}+1}k-1}}$$

$$\approx e^{\frac{1}{2}\left(\ln\left(\frac{2}{p_{\pi(n)}+1}(\pi(n)-1)-1+\frac{1}{2}\right)-\ln\left(\frac{2}{p_{\pi(n)}+1}-1-\frac{1}{2}\right)\right)} = \sqrt{\frac{4\pi(n) - p_{\pi(n)} - 5}{1 - 3p_{\pi(n)}}}$$

D'où :

$$\sqrt{\frac{4\pi(n) - p_{\pi(n)} - 5}{1 - 3p_{\pi(n)}}} < 2 \rightarrow \pi(n) < \frac{9 - 11p_{\pi(n)}}{4} \rightarrow toujours\ vrai \tag{6.13}$$

On ne trouve donc pas non plus de condition supplémentaire d'un nombre parfait.

En outre, si n est le produit de facteurs premiers impairs uniques (sans puissance), alors n ne peut pas être un nombre parfait impair car :

$$n = \prod_{k=2}^{\pi(n)} p_k \rightarrow \sigma(n) = \prod_{k=2}^{\pi(n)} (p_k + 1) = 2n \rightarrow \prod_{k=2}^{\pi(n)} \frac{p_k + 1}{p_k} = 2 \tag{6.14}$$

Or, le numérateur est pair et le dénominateur est impair, donc la division ne sera jamais entière et donc l'égalité ne peut pas valoir 2. Essayons donc avec un seul facteur premier impair avec une puissance paire :

$$n = p_a^{2s} p_b \text{ et } a \neq b > 1, s \geq 1 \rightarrow \sigma(n) = \frac{p_a^{2s+1} - 1}{p_a - 1}(p_b + 1) = 2n \tag{6.15}$$

D'où :

$$\frac{p_a^{2s+1} - 1}{p_a^{2s}(p_a - 1)} \cdot \frac{p_b + 1}{p_b} = \left(1 + \frac{1}{p_a} + \frac{1}{p_a^2} + \cdots + \frac{1}{p_a^{2s}}\right)\left(1 + \frac{1}{p_b}\right) = 2 = \left(1 + \frac{1}{2}\right)\left(1 + \frac{1}{3}\right)$$

Et :

$$p_b = 3 \text{ et } p_a^{2s} = \frac{2}{p_a - 3} < 1 \text{ car } p_a \geq 3 \rightarrow absurde$$

Enfin, de manière générale, on a :

$$n = \prod_{k=2}^{\pi(n)} p_k^{v_k(n)} \text{ et tous les } v_k(n) \text{ sont pairs sauf un seul} \tag{6.16}$$

Soit :

$$\sigma(n) = \prod_{k=2}^{\pi(n)} \sum_{j=0}^{v_k(n)} p_k^j = \prod_{k=2}^{\pi(n)} \frac{p_k^{v_k(n)+1} - 1}{p_k - 1} = 2n \rightarrow \prod_{k=2}^{\pi(n)} \frac{p_k^{v_k(n)+1} - 1}{p_k^{v_k(n)}(p_k - 1)} = 2$$

Et :

$$\prod_{k=2}^{\pi(n)} \left(\frac{1}{p_k^{v_k(n)}} + \frac{1}{p_k^{v_k(n)-1}} + \cdots + \frac{1}{p_k} + 1\right) = \prod_{k=2}^{\pi(n)} \frac{\sum_{j=0}^{v_k(n)} p_k^j}{p_k^{v_k(n)}} = \prod_{k=2}^{\pi(n)} \sum_{j=0}^{v_k(n)} \frac{1}{p_k^j} = 2 \tag{6.17}$$

On ne sait malheureusement pas conclure à ce stade. Reprenons au début :

$$n \; est \; parfait \; si : 2n = \sum_{k=1}^{N} d_k(n) = 1 + n + \sum_{k=2}^{N-1} d_k(n) \rightarrow n - 1 = \sum_{k=2}^{N-1} d_k(n) \quad (6.18)$$

Parité :

$$n \; pair \rightarrow n - 1 = \sum_{k=2}^{N-1} d_k(n) \rightarrow impair \rightarrow nombre \; de \; diviseurs \; impairs, impair \; (6.19)$$

Et :

$$n \; impair \rightarrow n - 1 = \sum_{k=2}^{N-1} d_k(n) \rightarrow pair \rightarrow nombre \; de \; diviseurs \; impairs, pair \quad (6.20)$$

Or, pour n pair :

$$(A) \; si \; p \; premier \geq 3 \rightarrow \boldsymbol{n = 2p} \rightarrow n - 1 = 2 + p \rightarrow p = 3 \rightarrow \boldsymbol{n = 6}$$

$$(B) \; si \; u, v \; et \; w \; premiers \geq 3 \rightarrow \boldsymbol{n = 2uvw}$$

$$n - 1 = 2 + u + v + w + 2u + 2v + 2w + uv + uw + vw + 2uv + 2uw + 2vw + uvw$$

$$\rightarrow u = 3\left(4\frac{v + w + 1}{vw - 3(v + w + 1)} + 1\right) \rightarrow \begin{cases} vw - 3(v + w + 1) = 1 \rightarrow u = 4vw - 1 \; (a) \\ vw - 3(v + w + 1) = 2 \rightarrow u = 2vw - 1 \; (b) \\ vw - 3(v + w + 1) = 4 \rightarrow u = vw - 1 \; (c) \\ vw - 4(v + w + 1) = 0 \rightarrow u = 15 \; (d) \\ vw - 5(v + w + 1) = 0 \rightarrow u = 9 \; (e) \\ vw - 7(v + w + 1) = 0 \rightarrow u = 6 \; (f) \\ vw - 3(v + w + 1) = 3 \rightarrow u = 4\dfrac{vw}{3} - 9 \; (g) \\ vw - 3(v + w + 1) = 6 \rightarrow u = 2\dfrac{vw}{3} - 1 \; (h) \\ vw - 3(v + w + 1) = 12 \rightarrow u = vw - 9 \; (i) \\ vw - 6(v + w + 1) = 0 \rightarrow u = 7 \; (j) \\ vw - 9(v + w + 1) = 0 \rightarrow u = 5 \; (k) \\ vw - 15(v + w + 1) = 0 \rightarrow u = 4 \; (l) \end{cases}$$

Comme u, v et w sont interchangeables par symétrie, on a donc :

$$(a) \rightarrow \begin{cases} u = 4vw - 1 \\ v = 4uw - 1 \\ w = 4uv - 1 \end{cases} \rightarrow pas\ de\ solution\ entière$$

$$(b) \rightarrow \begin{cases} u = 2vw - 1 \\ v = 2uw - 1 \\ w = 2uv - 1 \end{cases} \rightarrow u = v = w = 1 \leq 3 \rightarrow pas\ de\ solution$$

$$(c), (f), (i)\ et\ (l) \rightarrow u\ pair \rightarrow pas\ premier \rightarrow pas\ de\ solution$$

$$(d)\ et\ (e) \rightarrow u\ pas\ premier \rightarrow pas\ de\ solution$$

$$(g) \rightarrow v = 3\ (ou\ w) \rightarrow 0 = 1 + u + w = 5w - 8 \rightarrow w = \frac{8}{5} \rightarrow impossible$$

$$(h) \rightarrow v = 3\ (ou\ w) \rightarrow 0 = 1 + u + w = 3w \rightarrow w = 0 \rightarrow impossible$$

$$(j) \rightarrow v = 6\left(1 + \frac{7}{w - 6}\right) \rightarrow pas\ premier \rightarrow pas\ de\ solution$$

$$(k) \rightarrow v = 9\left(1 + \frac{10}{w - 9}\right) \rightarrow pas\ premier \rightarrow pas\ de\ solution$$

De plus :

$$si\ u = v = w \rightarrow u^3 - 9u^2 - 9u - 3 = 0 \rightarrow pas\ de\ solution\ entière$$

Et pour n impair :

$$(C)\ si\ p\ et\ q\ premiers \geq 3 \rightarrow \mathbf{n = pq} \rightarrow n - 1 = p + q$$

$$p = 1 + \frac{2}{q - 1} \rightarrow q = \begin{cases} 2 \rightarrow p = 3 \rightarrow \mathbf{n = 6} \\ 3 \rightarrow p = 2 \rightarrow \mathbf{n = 6} \end{cases}$$

$$(D)\ si\ u, v, w\ et\ x\ premiers \geq 3 \rightarrow \mathbf{n = uvwx}$$

Alors :

$$n - 1 = u + v + w + x + uv + uw + ux + vw + vx + wx + uvw + uvx + uwx + vwx$$

Et :

$$u = 2\,\frac{1 + v + w + x + vw + vx + wx}{vwx - (1 + v + w + x + vw + vx + wx)} + 1$$

D'où :

$$\begin{cases} vwx - (1 + v + w + x + vw + vx + wx) = 1 \to u = 2vwx - 1 \to (i) \\ vwx - (1 + v + w + x + vw + vx + wx) = 2 \to u = vmx - 1 \to pair, pas\ premier \\ vwx - 2(1 + v + w + x + vw + vx + wx) = 0 \to u = 3 \to (ii) \\ vwx - 3(1 + v + w + x + vw + vx + wx) = 0 \to u = 2 \to pas\ premier \end{cases}$$

Soit :

$$(i) \to u = \frac{3 + v + w + x}{1 - \left(\frac{1}{x} + \frac{1}{w} + \frac{1}{v}\right)} - 1 = vwx\,\frac{3 + v + w + x}{vwx - (vw + vx + wx)} - 1$$

Le dénominateur et le numérateur sont pairs mais pas vwx. D'où :

$$\begin{cases} vwx - (vw + vx + wx) = 1 \to u = vwx(3 + v + w + x) - 1 \to (iii) \\ vwx - (vw + vx + wx) = (3 + v + w + x) \to u = vwx - 1 \to pair, pas\ premier \\ vwx - (vw + vx + wx) = (3 + v + w + x)v \to u = wx - 1 \to pair, pas\ premier \\ vwx - (vw + vx + wx) = (3 + v + w + x)x \to u = vw - 1 \to pair, pas\ premier \\ vwx - (vw + vx + wx) = (3 + v + w + x)w \to u = vx - 1 \to pair, pas\ premier \\ vwx - (vw + vx + wx) = (3 + v + w + x)vw \to u = x - 1 \to pair, pas\ premier \\ vwx - (vw + vx + wx) = (3 + v + w + x)vx \to u = w - 1 \to pair, pas\ premier \\ vwx - (vw + vx + wx) = (3 + v + w + x)wx \to u = v - 1 \to pair, pas\ premier \\ vwx - (vw + vx + wx) = (3 + v + w + x)vwx \to u = 0 \to pas\ de\ solution \end{cases}$$

$$(iii) \to vwx(v + w + x)^2 + (3vwx + 1)(v + w + x) + 2vwx = 0$$

$$\to v + w + x = \frac{1}{2}\left(-3 - \frac{1}{vwx} + \sqrt{1 + \frac{6}{vwx} + \frac{1}{v^2 w^2 x^2}}\right) < 0 \to pas\ de\ solution$$

$$(ii) \to vwx = 2(1 + v + w + x + vw + vx + wx) \to pair, pas\ premier \to no\ solution$$

De plus :

$$si\ u = v = w = x \to -u^4 + 4u + 6u^2 + 4u^3 + 1 = 0 \to pas\ de\ solution\ entière$$

Cherchons alors la forme suivante :

$$(E) \; si \; u, v \; et \; w \; premiers \geq 3 \rightarrow \boldsymbol{n = u^2 v^2}$$

$$\rightarrow u^2 v^2 - 1 = u + v + u^2 + v^2 + uv + u^2 v + uv^2$$

$$\rightarrow (v^2 - v - 1)u^2 - (v^2 + v + 1)u - (v^2 + v + 1) = 0$$

$$\rightarrow u = \frac{(v^2 + v + 1) \pm \sqrt{(v^2 + v + 1)(5v^2 - 3v - 3)}}{2(v^2 - v - 1)}$$

$$(v^2 + v + 1)(5v^2 - 3v - 3) = (av^2 + bv + c)^2$$

$$\rightarrow 5v^4 + 2v^3 - v^2 - 6v - 3 = a^2 v^4 + 2abv^3 + (b^2 + 2ac)v^2 + 2bcv + c^2$$

$$\rightarrow impossible \rightarrow pas \; de \; solution$$

Difficile à la fois de poursuivre les calculs de plus en plus compliqués selon la forme de n mais aussi d'obtenir le moindre indice sur la forme qui pourrait fonctionner. Cette méthode n'est pas la bonne.

7. Propriétés des nombres parfaits pairs

Les nombres parfaits peuvent être représentés de différentes manières.

a. Somme de puissances de deux

En effet, on a comme la somme dans la parenthèse est première :

$$\begin{cases} n = 6 = 2(2 + 1) \\ - \\ n = 28 = 4(4 + 2 + 1) \\ - \\ n = 496 = 16(16 + 8 + 4 + 2 + 1) \\ - \\ n = 8128 = 64(64 + 32 + 16 + 8 + 4 + 2 + 1) \\ - \\ \dots \end{cases} \qquad (7.\,a.\,1)$$

Car :

$$n = 2^{k-1}(2^k - 1) = 2^{k-1} \sum_{j=0}^{k-1} 2^j \qquad (7.\,a.\,2)$$

b. Date parfaite

La date parfaite pour célébrer les nombres parfaits est bien sûr le 28 juin (28/06) de chaque année. Car 28 et 06 sont parfaits !

c. Nombres triangulaires

Tous les nombres parfaits pairs sont des nombres triangulaires. Soit :

$$n = 2^{k-1}(2^k - 1) = \frac{(2^k - 1)2^k}{2} = \binom{2^k}{2} = \sum_{j=1}^{2^k-1} j = T_{2^k-1} \qquad (7.c.1)$$

Avec :

$$T_s = \binom{s+1}{2} = \frac{s(s+1)}{2} = \sum_{j=1}^{s} j \qquad (7.c.2)$$

d. En binaire

Les nombres parfaits pairs en binaire s'écrivent comme suit :

$$\begin{cases} n = 6 = (110)_2 \\ - \\ n = 28 = (11100)_2 \\ - \\ n = 496 = (111110000)_2 \\ - \\ n = 8128 = (1111111000000)_2 \\ - \\ \dots \end{cases} \qquad (7.d.1)$$

En effet :

$$n = 2^{k-1}(2^k - 1) = \left(\underbrace{11\dots11}_{k+1\,fois\,le\,chiffre\,1}\underbrace{00\dots00}_{k\,fois\,le\,chiffre\,0} \right)_2 \qquad (7.d.2)$$

e. Somme des inverses des diviseurs = 2

La somme des inverses des diviseurs d'un nombre parfait pair vaut toujours 2 :

$$\begin{cases} n = 6 \rightarrow \dfrac{1}{1} + \dfrac{1}{2} + \dfrac{1}{3} + \dfrac{1}{6} = 2 \\[2mm] n = 28 \rightarrow \dfrac{1}{1} + \dfrac{1}{2} + \dfrac{1}{4} + \dfrac{1}{7} + \dfrac{1}{14} + \dfrac{1}{28} = 2 \\[2mm] n = 496 \rightarrow \dfrac{1}{1} + \dfrac{1}{2} + \dfrac{1}{4} + \dfrac{1}{8} + \dfrac{1}{16} + \dfrac{1}{31} + \dfrac{1}{62} + \dfrac{1}{124} + \dfrac{1}{248} + \dfrac{1}{496} = 2 \\[2mm] \qquad\qquad\qquad \ldots \end{cases} \qquad (7.e.1)$$

En effet, sachant que :

$$n = 2^{k-1}(2^k - 1) \ et \ \sigma(n) = 2n = \sum_{k=1}^{\pi(n)} d_k(n)$$

On a :

$$\sum_{k=1}^{\pi(n)} \frac{1}{d_k(n)} = \sum_{k=1}^{\pi(n)} \frac{d_k(n)}{n} = \frac{\sigma(n)}{n} = \frac{2n}{n} = 2 = I(n) \qquad (7.e.2)$$

R.S.
14/12/22

f. Moyenne harmonique des diviseurs entière

En utilisant le résultat précédent, on en déduit que la moyenne harmonique des diviseurs d'un nombre parfait pair est toujours entière :

$$\begin{cases} n = 6 \to \dfrac{4}{\dfrac{1}{1}+\dfrac{1}{2}+\dfrac{1}{3}+\dfrac{1}{6}} = \dfrac{4}{2} = 2 \\[2em] n = 28 \to \dfrac{6}{\dfrac{1}{1}+\dfrac{1}{2}+\dfrac{1}{4}+\dfrac{1}{7}+\dfrac{1}{14}+\dfrac{1}{28}} = \dfrac{6}{2} = 3 \\[2em] n = 496 \to \dfrac{10}{\dfrac{1}{1}+\dfrac{1}{2}+\dfrac{1}{4}+\dfrac{1}{8}+\dfrac{1}{16}+\dfrac{1}{31}+\dfrac{1}{62}+\dfrac{1}{124}+\dfrac{1}{248}+\dfrac{1}{496}} = \dfrac{10}{2} = 5 \\[2em] \qquad\qquad\qquad\qquad \dots \end{cases} \qquad (7.f.1)$$

En effet, on a déjà vu que :

$$si\ n = 2^{k-1}(2^k - 1)\ et\ \sigma(n) = 2n \to \sum_{k=1}^{\pi(n)} \frac{1}{d_k(n)} = 2$$

D'où :

$$M_h(n) = \frac{t(n)}{\sum_{k=1}^{\pi(n)} \dfrac{1}{d_k(n)}} = \frac{\big((k-1)+1\big)(1+1)}{2} = k \in \mathbb{N} \qquad (7.f.2)$$

g. Dernier chiffre toujours 6 ou 8

Tous les nombres parfaits pairs finissent par un 6 ou un 8 :

$$n = 2^{k-1}(2^k - 1) \equiv \begin{cases} 2(4-1)\ mod\ 10 = 2 \times 3\ mod\ 10 = 6\ mod\ 10 \\ \qquad\qquad\qquad - \\ 4(8-1)\ mod\ 10 = 4 \times 7\ mod\ 10 = 8\ mod\ 10 \\ \qquad\qquad\qquad - \\ 8(6-1)\ mod\ 10 = 8 \times 5\ mod\ 10 = 0\ mod\ 10\ mais\ 5|(2^k-1) \\ \qquad\qquad\qquad - \\ 6(2-1)\ mod\ 10 = 6 \times 1\ mod\ 10 = 6\ mod\ 10 \end{cases} \qquad (7.g)$$

h.Somme de cubes impairs consécutifs

Tous les nombres parfaits pairs (sauf le premier 6) sont la somme des $2^{\frac{n-1}{2}}$ premiers cubes impairs. Soit :

$$\begin{cases} 28 = 1^3 + 3^3 \\ - \\ 496 = 1^3 + 3^3 + 5^3 + 7^3 \\ - \\ 8128 = 1^3 + 3^3 + 5^3 + 7^3 + 9^3 + 11^3 + 13^3 + 15^3 \\ - \\ ... \end{cases} \qquad (7.h)$$

On ne prouvera pas cette affirmation ici.

i. Somme itérée des chiffres = 1

La somme itérée des chiffres d'un nombre parfait pair, ou persistance additive, ou racine d'un nombre vaut toujours 1 (sauf pour le premier, 6) :

$$\begin{cases} 28 \to 2+8 = 10 \; et \; 1+0 = 1 \; car \; 28 \equiv 1 \; mod \; 9 \\ - \\ 496 \to 4+9+6 = 19 \to 1+9 = 10 \to 1 \; car \; 496 \equiv 1 \; mod \; 9 \\ - \\ 8128 \to 8+1+2+8 = 19 \to 1 \; car \; 8128 \equiv 1 \; mod \; 9 \end{cases} \qquad (7.i.1)$$

En effet :

$$n = 2^{k-1}(2^k - 1) \equiv \begin{cases} 2(4-1) \; mod \; 9 = 6 \; mod \; 9 \; mais \; 3|(2^k - 1) \; sauf \; pour \; n = 6 \\ - \\ 4(8-1) \; mod \; 9 = 28 \; mod \; 9 = 1 \; mod \; 9 \\ - \\ 8(7-1) \; mod \; 9 = 48 \; mod \; 9 = 3 \; mod \; 9 \; mais \; 6|(2^k - 1) \\ - \\ 7(5-1) \; mod \; 9 = 28 \; mod \; 9 = 1 \; mod \; 9 \\ - \\ 5(1-1) \; mod \; 9 = 0 \; mod \; 9 \; mais \; 9|(2^k - 1) \\ - \\ 1(2-1) \; mod \; 9 = 1 \; mod \; 9 \end{cases} \qquad (7.i.2)$$

8. Somme alternée des diviseurs croissants

Nous proposons ici une toute nouvelle façon d'observer les nombres entiers. Nous allons étudier la somme alternée des diviseurs croissants de n. Quel intérêt ? Nous allons tenter de le découvrir. Pour simplifier les calculs nous prendrons la valeur absolue. Soit :

$$\sigma(n) \geq \sigma_a(n) = \left| \sum_{k=1}^{\pi(n)} (-1)^k d_k(n) \right| \geq 1 \tag{8.1}$$

Plus précisément :

$$\sigma(1) = \sigma_a(1) = 1 \; sinon \; \sigma(n) > \sigma_a(n)$$

Et si n est un nombre parfait pair, on a :

$$n = 2^{k-1}(2^k - 1) \; avec \; 2^k - 1 \; premier \rightarrow \sigma(n) = 2n$$

Et :

$$\sigma_a(n) = \left| \sum_{j=0}^{k-1} \left((-1)^j 2^j + (-1)^{j+k}(2^k - 1)2^j \right) \right|$$

$$= \left| \frac{1 - (-2)^k}{3} + (-1)^k(2^k - 1)\frac{1 - (-2)^k}{3} \right| = \left| \frac{1 - (-2)^k}{3}\left(1 + (-1)^k(2^k - 1) \right) \right|$$

D'où :

$$\sigma_a\left(2^{k-1}(2^k - 1) \right) = \begin{cases} 2^k \dfrac{2^k - 1}{3} & si \; k \; pair \\ 2(2^k + 1)\dfrac{2^{k-1} - 1}{3} & si \; k \; impair \end{cases} \tag{8.2}$$

Ou bien :

$$n = 2^{k-1}(2^k - 1) \rightarrow \sigma_a(n) = \begin{cases} \dfrac{2n}{3} = \dfrac{\sigma(n)}{3} & si \; k \; pair \\ \dfrac{2(n - 1)}{3} = \dfrac{\sigma(n) - 2}{3} & si \; k \; impair \end{cases} \tag{8.3}$$

Ainsi :

$$Si \; n = \begin{cases} 2^{2k-1}(4^k - 1) \rightarrow \sigma(n) = 3\sigma_a(n) \\ 4^k(2^{2k+1} - 1) \rightarrow \sigma(n) = 3\sigma_a(n) + 2 \end{cases} \tag{8.4}$$

Par exemple :

$$k = 2 \rightarrow n = 6 \rightarrow \sigma(6) = 12 \ et \ \sigma_a(6) = |1 - 2 + 3 - 6| = 4 = 4\frac{4-1}{3}$$

$$k = 3 \rightarrow n = 28 \rightarrow \sigma(28) = 56 \ et :$$

$$\sigma_a(28) = |1 - 2 + 4 - 7 + 14 - 28| = 18 = 2(8+1)\frac{4-1}{3}$$

$$k = 5 \rightarrow n = 496 \rightarrow \sigma(496) = 992 \ et :$$

$$\sigma_a(596) = |1 - 2 + 4 - 8 + 16 - 31 + 62 - 124 + 248 - 496| = 330$$

$$= 2(32+1)\frac{16-1}{3} = 330$$

Existe-t-il une relation entre $\sigma(n)$ et $\sigma_a(n)$? Et existe-t-il des formes particulières de $\sigma_a(n)$ vis-à-vis de n ? On sait déjà que :

$$n = \prod_{k=1}^{\pi(n)} p_k^{v_k(n)} \rightarrow \sigma(n) = \underbrace{\sum_{k=1}^{\pi(n)} d_k(n)}_{t(n) \ diviseurs} = \prod_{k=1}^{\pi(n)} \underbrace{\sum_{j=0}^{v_k(n)} p_k^j}_{\substack{v_k(n)+1 \ diviseurs \\ pour \ k \ fixé}} \tag{8.5}$$

On peut donc s'affranchir de la valeur absolue ainsi :

$$\sigma_a(n) = \left|\sum_{k=1}^{\pi(n)} (-1)^k d_k(n)\right| = \prod_{k=1}^{\pi(n)} \sum_{j=0}^{v_k(n)} (-1)^{j+v_k(n)} p_k^j = \prod_{k=1}^{\pi(n)} (-1)^{v_k(n)} \sum_{j=0}^{v_k(n)} (-p_k)^j$$

$$= (-1)^{\sum_{s=1}^{t(n)} v_s(n)} \prod_{k=1}^{\pi(n)} \sum_{j=0}^{v_k(n)} (-p_k)^j \tag{8.6}$$

$$si \ n = p \ premier \rightarrow \sigma_a(p) = -1 + p = p - 1$$

Et :

$$si \ p \ premier \rightarrow \sigma(p) = p + 1 \rightarrow \sigma_a(p) = \sigma(p) - 2 \tag{8.7}$$

$$si \ n = p^k \ premier \rightarrow \sigma_a(p^k) = \left|\sum_{j=0}^{k} (-p)^j\right| = \left|\frac{(-p)^{k+1} - 1}{(-p) - 1}\right| = \begin{cases} \dfrac{p^{k+1} + 1}{p + 1} \ si \ k \ pair \\ \dfrac{p^{k+1} - 1}{p + 1} \ si \ k \ impair \end{cases}$$

Et :

$$\sigma(p^k) = \sum_{j=0}^{k} p^j = \frac{p^{k+1} - 1}{p - 1} \rightarrow \sigma_a(p^k) = \begin{cases} \dfrac{p - 1}{p + 1} \cdot \dfrac{p^{k+1} + 1}{p^{k+1} - 1} \sigma(p^k) \ si \ k \ pair \\ \dfrac{p - 1}{p + 1} \sigma(p^k) \ si \ k \ impair \end{cases} \quad (8.9)$$

Et en particulier :

$$\lim_{p \to +\infty} \sigma_a(p^k) = \sigma(p^k) \quad (8.10)$$

$$si \ n = p_1 p_2 \ et \ p_1 < p_2 \ et \ premiers \rightarrow \sigma_a(p_1 p_2) = -1 + p_1 - p_2 + p_1 p_2$$

Et :

$$\sigma(p_1 p_2) = 1 + p_1 + p_2 + p_1 p_2 \rightarrow \sigma_a(p_1 p_2) = \frac{-1 + p_1 - p_2 + p_1 p_2}{1 + p_1 + p_2 + p_1 p_2} \sigma(p_1 p_2)$$

Et en particulier :

$$si \ n = 2p \ et \ p > 2 \ et \ premier \rightarrow \sigma_a(2p) = |1 - 2 + p - 2p| = p + 1 = \sigma(p)$$

D'où :

$$si \ p \ premier \rightarrow \sigma_a(2p) = \sigma(p) = p + 1 \quad (8.11)$$

Enfin :

$$Si \ n = p_1^a p_2^b \ premiers \ et \ p_1 < p_2 \rightarrow \sigma_a(n) = (-1)^{a+b} \left(\sum_{j=0}^{a} (-p_1)^j \right) \left(\sum_{j=0}^{b} (-p_2)^j \right) \quad (8.12)$$

Voici les 50 premières sommes alternées :

n	$d_k(n)$	$t(n)$	Type	$\sigma(n)$	$\sigma_a(n)$
1	1	1	Déficient	1	1
2	1, 2	2	Déficient, premier	3	1
3	1, 3	2	Déficient, premier	4	2
4	1, 2, 4	3	Déficient	7	3
5	1, 5	2	Déficient, premier	6	4
6	1, 2, 3, 6	4	Parfait	12	4
7	1, 7	2	Déficient, premier	8	6
8	1, 2, 4, 8	4	Déficient	15	5
9	1, 3, 9	3	Déficient	13	7
10	1, 2, 5, 10	4	Déficient	18	6

n	$d_k(n)$	$t(n)$	Type	$\sigma(n)$	$\sigma_a(n)$
11	1, 11	2	Déficient, premier	12	10
12	1, 2, 3, 4, 6, 12	6	Abondant	28	8
13	1, 13	2	Déficient, premier	14	12
14	1, 2, 7, 14	4	Déficient	24	8
15	1, 3, 5, 15	4	Déficient	24	12
16	1, 2, 4, 8, 16	5	Déficient	31	11
17	1, 17	2	Déficient, premier	18	16
18	1, 2, 3, 6, 9, 18	6	Abondant	39	13
19	1, 19	2	Déficient, premier	20	18
20	1, 2, 4, 5, 10, 20	6	Abondant	42	12
21	1, 3, 7, 21	4	Déficient	32	16
22	1, 2, 11, 22	4	Déficient	36	12
23	1, 23	2	Déficient, premier	24	22
24	1, 2, 3, 4, 6, 8, 12, 24	8	Abondant	60	16
25	1, 5, 25	3	Déficient	31	21
26	1, 2, 13, 26	4	Déficient	42	14
27	1, 3, 9, 27	4	Déficient	40	20
28	1, 2, 4, 7, 14, 28	6	Parfait	56	18
29	1, 29	2	Déficient, premier	30	28
30	1, 2, 3, 5, 6, 10, 15, 30	8	Abondant	72	22
31	1, 31	2	Déficient, premier	32	30
32	1, 2, 4, 8, 16, 32	6	Déficient	63	21
33	1, 3, 11, 33	4	Déficient	48	24
34	1, 2, 17, 34	4	Déficient	54	18
35	1, 5, 7, 35	4	Déficient	48	32
36	1, 2, 3, 4, 6, 9, 12, 18, 36	9	Abondant	91	25
37	1, 37	2	Déficient, premier	38	36
38	1, 2, 19, 38	4	Déficient	60	20
39	1, 3, 13, 39	4	Déficient	56	28
40	1, 2, 4, 5, 8, 10, 20, 40	8	Abondant	90	24
41	1, 41	2	Déficient, premier	42	40
42	1, 2, 3, 6, 7, 14, 21, 42	8	Abondant	96	32
43	1, 43	2	Déficient, premier	44	42
44	1, 2, 4, 11, 22, 44	6	Déficient	84	30
45	1, 3, 5, 9, 15, 45	6	Déficient	78	36

n	$d_k(n)$	$t(n)$	Type	$\sigma(n)$	$\sigma_a(n)$
46	1, 2, 23, 46	4	Déficient	72	24
47	1, 47	2	Déficient, premier	48	46
48	1, 2, 3, 4, 6, 8, 12, 16, 24, 48	10	Abondant	124	32
49	1, 7, 49	3	Déficient	57	43
50	1, 2, 5, 10, 25, 50	6	Déficient	93	31

Il existe bien entendu d'autres relations entre la somme des diviseurs et l'alternée. Mais cela ne semble pas opportun. Le principal bloqueur est l'ordre croissant dans cette somme alternée qui empêche de trouver un développement simple général et fécond. Cette tentative a le mérite d'exister.

9. Conclusion

Les nombres parfaits ont des propriétés formidables. En existe-t-il des impairs ? Nul ne le sait. Mais s'il en existe au moins un, il est assurément immensément grand. On conjecture ici qu'il n'en existe aucun.

10. Références

Voici quelques références en ligne, non exhaustives bien sûr, sur le sujet :

- https://fr.wikipedia.org/wiki/Nombre_parfait
- http://images.math.cnrs.fr/Les-mysteres-des-nombres-parfaits.html
- http://images.math.cnrs.fr/Les-mysteres-des-nombres-parfaits-5988.html
- https://fr.wikipedia.org/wiki/Somme_des_diviseurs
- https://fr.wikipedia.org/wiki/Formule_de_Legendre
- https://fr.wikipedia.org/wiki/Somme_de_Ramanujan

- https://mathworld.wolfram.com/PerfectNumber.html
- https://oeis.org/A000396
- https://en.wikipedia.org/wiki/Divisor_function
- http://oeis.org/A000203

11. Annexe 1

Voici les 50 premiers nombres parfaits connus regroupés tous les 10 :

$$8 : 1 \; chiffre$$
$$28 : 2 \; chiffres$$
$$496 : 3 \; chiffres$$
$$8\,128 : 4 \; chiffres$$
$$33\,550\,336 : 8 \; chiffres$$
$$8\,589\,869\,056 : 10 \; chiffres$$
$$137\,438\,691\,328 : 12 \; chiffres$$
$$2\,305\,843\,008\,139\,952\,128 : 19 \; chiffres$$
$$2\,658\,455\,991\,569\,831\,744\,654\,692\,615\,953\,842\,176 : 37 \; chiffres$$
$$2^{88}(2^{89} - 1) : 54 \; chiffres$$

$$2^{106}(2^{107} - 1) : 65 \; chiffres$$
$$2^{126}(2^{127} - 1) : 77 \; chiffres$$
$$2^{520}(2^{521} - 1) : 314 \; chiffres$$
$$2^{606}(2^{607} - 1) : 366 \; chiffres$$
$$2^{1278}(2^{1279} - 1) : 770 \; chiffres$$
$$2^{2202}(2^{2203} - 1) : 1\,327 \; chiffres$$
$$2^{2280}(2^{2281} - 1) : 1\,373 \; chiffres$$
$$2^{3216}(2^{3217} - 1) : 1\,937 \; chiffres$$
$$2^{4252}(2^{4253} - 1) : 2\,561 \; chiffres$$
$$2^{4422}(2^{4423} - 1) : 2\,663 \; chiffres$$

$$2^{9688}(2^{9689} - 1) : 5\,834 \; chiffres$$
$$2^{9940}(2^{9941} - 1) : 5\,985 \; chiffres$$
$$2^{11212}(2^{11213} - 1) : 6\,751 \; chiffres$$
$$2^{19936}(2^{19937} - 1) : 12\,003 \; chiffres$$
$$2^{21700}(2^{21701} - 1) : 13\,066 \; chiffres$$
$$2^{23208}(2^{23209} - 1) : 13\,973 \; chiffres$$
$$2^{44496}(2^{44497} - 1) : 26\,790 \; chiffres$$
$$2^{86242}(2^{86243} - 1) : 51\,924 \; chiffres$$
$$2^{110502}(2^{110503} - 1) : 66\,530 \; chiffres$$
$$2^{132048}(2^{132049} - 1) : 79\,502 \; chiffres$$

$$2^{216090}(2^{216091}-1) : 130\ 100\ chiffres$$
$$2^{756838}(2^{756839}-1) : 455\ 663\ chiffres$$
$$2^{859432}(2^{859433}-1) : 517\ 430\ chiffres$$
$$2^{1257786}(2^{1257787}-1) : 757\ 263\ chiffres$$
$$2^{1398268}(2^{1398269}-1) : 841\ 842\ chiffres$$
$$2^{2976220}(2^{2976221}-1) : 1\ 791\ 864\ chiffres$$
$$2^{3021376}(2^{3021377}-1) : 1\ 819\ 050\ chiffres$$
$$2^{6972592}(2^{6972593}-1) : 4\ 197\ 919\ chiffres$$
$$2^{13466916}(2^{13466917}-1) : 8\ 107\ 892\ chiffres$$
$$2^{20996010}(2^{20996011}-1) : 12\ 640\858\ chiffres$$

$$2^{24036582}(2^{24036583}-1) : 14\ 471\ 465\ chiffres$$
$$2^{25964950}(2^{25964951}-1) : 15\ 632\ 458\ chiffres$$
$$2^{30402456}(2^{30402457}-1) : 18\ 304\ 103\ chiffres$$
$$2^{32582656}(2^{32582657}-1) : 19\ 616\ 714\ chiffres$$
$$2^{37156666}(2^{37156667}-1) : 22\ 370\ 543\ chiffres$$
$$2^{42643800}(2^{42643801}-1) : 25\ 674\ 125\ chiffres$$
$$2^{43112608}(2^{43112609}-1) : 25\ 956\ 377\ chiffres$$
$$2^{57885160}(2^{57885161}-1) : 34\ 850\ 340\ chiffres$$
$$2^{74207280}(2^{74207281}-1) : 44\ 677\ 235\ chiffres$$
$$2^{77232916}(2^{77232917}-1) : 46\ 498\ 850\ chiffres$$

Et voici en prime le 51ième découvert en 2018 :

$$2^{82589932}(2^{82589933}-1) : 49\ 724\ 095\ chiffres\ !$$

C'est tout simplement vertigineux ! Comment observer de tels nombres ? On trace la courbe du nombre de chiffres de chacun de ces nombres parfaits en échelle logarithmique pour examiner cette progression :

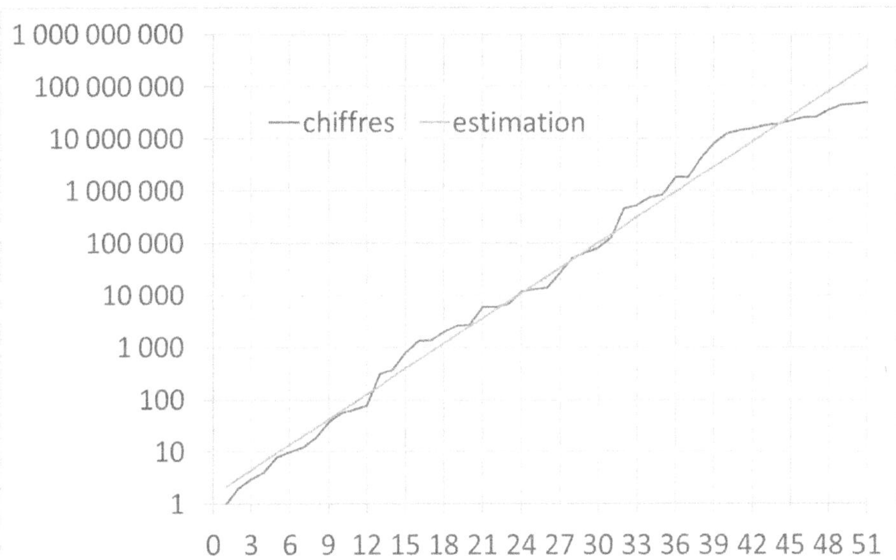

On voit que jusqu'à 10 millions de chiffres, la progression est exponentielle (c'est-à-dire linéaire sur la courbe en échelle logarithmique ci-dessus).

En revanche, à partir de 10 millions de chiffres, la pente diminue et donc le nombre de nombres parfaits pairs augmente par facteur 10. C'est-à-dire que, contre intuitivement, il existerait moins de nombres parfaits pairs entre 1000 et 10000 (ou 10 000 et 100 000) qu'entre 10 millions et 100 millions. La progression exponentielle s'affaiblit à partir de 10 millions de chiffres. Bien entendu cette observation n'a aucune explication à part la raréfaction des nombres premiers.

La courbe d'estimation vaut ici :

$$c = 1{,}485\,e^{0{,}3714k} \text{ pour le } k^{\text{ième}} \text{ nombre parfait pair composé de } c \text{ chiffres.}$$

12. Annexe 2

Voici le tableau de tous les nombres parfaits, déficients, abondants et premiers inférieurs ou égaux à 1 000 :

n	$\sigma(n)$	$d_k(n)$	$t(n)$	*Type*
1	1	1	1	Déficient
2	3	1, 2	2	Déficient, premier
3	4	1, 3	2	Déficient, premier
4	7	1, 2, 4	3	Déficient
5	6	1, 5	2	Déficient, premier
6	12	1, 2, 3, 6	4	Parfait
7	8	1, 7	2	Déficient, premier
8	15	1, 2, 4, 8	4	Déficient
9	13	1, 3, 9	3	Déficient
10	18	1, 2, 5, 10	4	Déficient
11	12	1, 11	2	Déficient, premier
12	28	1, 2, 3, 4, 6, 12	6	Abondant
13	14	1, 13	2	Déficient, premier
14	24	1, 2, 7, 14	4	Déficient
15	24	1, 3, 5, 15	4	Déficient
16	31	1, 2, 4, 8, 16	5	Déficient
17	18	1, 17	2	Déficient, premier
18	39	1, 2, 3, 6, 9, 18	6	Abondant
19	20	1, 19	2	Déficient, premier
20	42	1, 2, 4, 5, 10, 20	6	Abondant
21	32	1, 3, 7, 21	4	Déficient
22	36	1, 2, 11, 22	4	Déficient
23	24	1, 23	2	Déficient, premier
24	60	1, 2, 3, 4, 6, 8, 12, 24	8	Abondant
25	31	1, 5, 25	3	Déficient
26	42	1, 2, 13, 26	4	Déficient
27	40	1, 3, 9, 27	4	Déficient
28	56	1, 2, 4, 7, 14, 28	6	Parfait
29	30	1, 29	2	Déficient, premier
30	72	1, 2, 3, 5, 6, 10, 15, 30	8	Abondant

n	$\sigma(n)$	$d_k(n)$	$t(n)$	*Type*
31	32	1, 31	2	Déficient, premier
32	63	1, 2, 4, 8, 16, 32	6	Déficient
33	48	1, 3, 11, 33	4	Déficient
34	54	1, 2, 17, 34	4	Déficient
35	48	1, 5, 7, 35	4	Déficient
36	91	1, 2, 3, 4, 6, 9, 12, 18, 36	9	Abondant
37	38	1, 37	2	Déficient, premier
38	60	1, 2, 19, 38	4	Déficient
39	56	1, 3, 13, 39	4	Déficient
40	90	1, 2, 4, 5, 8, 10, 20, 40	8	Abondant
41	42	1, 41	2	Déficient, premier
42	96	1, 2, 3, 6, 7, 14, 21, 42	8	Abondant
43	44	1, 43	2	Déficient, premier
44	84	1, 2, 4, 11, 22, 44	6	Déficient
45	78	1, 3, 5, 9, 15, 45	6	Déficient
46	72	1, 2, 23, 46	4	Déficient
47	48	1, 47	2	Déficient, premier
48	124	1, 2, 3, 4, 6, 8, 12, 16, 24, 48	10	Abondant
49	57	1, 7, 49	3	Déficient
50	93	1, 2, 5, 10, 25, 50	6	Déficient
51	72	1, 3, 17, 51	4	Déficient
52	98	1, 2, 4, 13, 26, 52	6	Déficient
53	54	1, 53	2	Déficient, premier
54	120	1, 2, 3, 6, 9, 18, 27, 54	8	Abondant
55	72	1, 5, 11, 55	4	Déficient
56	120	1, 2, 4, 7, 8, 14, 28, 56	8	Abondant
57	80	1, 3, 19, 57	4	Déficient
58	90	1, 2, 29, 58	4	Déficient
59	60	1, 59	2	Déficient, premier
60	168	1, 2, 3, 4, 5, 6, 10, 12, 15, 20, 30, 60	12	Abondant
61	62	1, 61	2	Déficient, premier
62	96	1, 2, 31, 62	4	Déficient
63	104	1, 3, 7, 9, 21, 63	6	Déficient
64	127	1, 2, 4, 8, 16, 32, 64	7	Déficient
65	84	1, 5, 13, 65	4	Déficient

n	$\sigma(n)$	$d_k(n)$	$t(n)$	*Type*
66	144	1, 2, 3, 6, 11, 22, 33, 66	8	Abondant
67	68	1, 67	2	Déficient, premier
68	126	1, 2, 4, 17, 34, 68	6	Déficient
69	96	1, 3, 23, 69	4	Déficient
70	144	1, 2, 5, 7, 10, 14, 35, 70	8	Abondant
71	72	1, 71	2	Déficient, premier
72	195	1, 2, 3, 4, 6, 8, 9, 12, 18, 24, 36, 72	12	Abondant
73	74	1, 73	2	Déficient, premier
74	114	1, 2, 37, 74	4	Déficient
75	124	1, 3, 5, 15, 25, 75	6	Déficient
76	140	1, 2, 4, 19, 38, 76	6	Déficient
77	96	1, 7, 11, 77	4	Déficient
78	168	1, 2, 3, 6, 13, 26, 39, 78	8	Abondant
79	80	1, 79	2	Déficient, premier
80	186	1, 2, 4, 5, 8, 10, 16, 20, 40, 80	10	Abondant
81	121	1, 3, 9, 27, 81	5	Déficient
82	126	1, 2, 41, 82	4	Déficient
83	84	1, 83	2	Déficient, premier
84	224	1, 2, 3, 4, 6, 7, 12, 14, 21, 28, 42, 84	12	Abondant
85	108	1, 5, 17, 85	4	Déficient
86	132	1, 2, 43, 86	4	Déficient
87	120	1, 3, 29, 87	4	Déficient
88	180	1, 2, 4, 8, 11, 22, 44, 88	8	Abondant
89	90	1, 89	2	Déficient, premier
90	234	1, 2, 3, 5, 6, 9, 10, 15, 18, 30, 45, 90	12	Abondant
91	112	1, 7, 13, 91	4	Déficient
92	168	1, 2, 4, 23, 46, 92	6	Déficient
93	128	1, 3, 31, 93	4	Déficient
94	144	1, 2, 47, 94	4	Déficient
95	120	1, 5, 19, 95	4	Déficient
96	252	1, 2, 3, 4, 6, 8, 12, 16, 24, 32, 48, 96	12	Abondant
97	98	1, 97	2	Déficient, premier
98	171	1, 2, 7, 14, 49, 98	6	Déficient
99	156	1, 3, 9, 11, 33, 99	6	Déficient
100	217	1, 2, 4, 5, 10, 20, 25, 50, 100	9	Abondant

n	$\sigma(n)$	$d_k(n)$	$t(n)$	Type
101	102	1, 101	2	Déficient, premier
102	216	1, 2, 3, 6, 17, 34, 51, 102	8	Abondant
103	104	1, 103	2	Déficient, premier
104	210	1, 2, 4, 8, 13, 26, 52, 104	8	Abondant
105	192	1, 3, 5, 7, 15, 21, 35, 105	8	Déficient
106	162	1, 2, 53, 106	4	Déficient
107	108	1, 107	2	Déficient, premier
108	280	1, 2, 3, 4, 6, 9, 12, 18, 27, 36, 54, 108	12	Abondant
109	110	1, 109	2	Déficient, premier
110	216	1, 2, 5, 10, 11, 22, 55, 110	8	Déficient
111	152	1, 3, 37, 111	4	Déficient
112	248	1, 2, 4, 7, 8, 14, 16, 28, 56, 112	10	Abondant
113	114	1, 113	2	Déficient, premier
114	240	1, 2, 3, 6, 19, 38, 57, 114	8	Abondant
115	144	1, 5, 23, 115	4	Déficient
116	210	1, 2, 4, 29, 58, 116	6	Déficient
117	182	1, 3, 9, 13, 39, 117	6	Déficient
118	180	1, 2, 59, 118	4	Déficient
119	144	1, 7, 17, 119	4	Déficient
120	360	1, 2, 3, 4, 5, 6, 8, 10, 12, 15, 20, 24, 30, 40, 60, 120	16	Abondant
121	133	1, 11, 121	3	Déficient
122	186	1, 2, 61, 122	4	Déficient
123	168	1, 3, 41, 123	4	Déficient
124	224	1, 2, 4, 31, 62, 124	6	Déficient
125	156	1, 5, 25, 125	4	Déficient
126	312	1, 2, 3, 6, 7, 9, 14, 18, 21, 42, 63, 126	12	Abondant
127	128	1, 127	2	Déficient, premier
128	255	1, 2, 4, 8, 16, 32, 64, 128	8	Déficient
129	176	1, 3, 43, 129	4	Déficient
130	252	1, 2, 5, 10, 13, 26, 65, 130	8	Déficient
131	132	1, 131	2	Déficient, premier
132	336	1, 2, 3, 4, 6, 11, 12, 22, 33, 44, 66, 132	12	Abondant
133	160	1, 7, 19, 133	4	Déficient
134	204	1, 2, 67, 134	4	Déficient

n	$\sigma(n)$	$d_k(n)$	$t(n)$	*Type*
135	240	1, 3, 5, 9, 15, 27, 45, 135	8	Déficient
136	270	1, 2, 4, 8, 17, 34, 68, 136	8	Déficient
137	138	1, 137	2	Déficient, premier
138	288	1, 2, 3, 6, 23, 46, 69, 138	8	Abondant
139	140	1, 139	2	Déficient, premier
140	336	1, 2, 4, 5, 7, 10, 14, 20, 28, 35, 70, 140	12	Abondant
141	192	1, 3, 47, 141	4	Déficient
142	216	1, 2, 71, 142	4	Déficient
143	168	1, 11, 13, 143	4	Déficient
144	403	1, 2, 3, 4, 6, 8, 9, 12, 16, 18, 24, 36, 48, 72, 144	15	Abondant
145	180	1, 5, 29, 145	4	Déficient
146	222	1, 2, 73, 146	4	Déficient
147	228	1, 3, 7, 21, 49, 147	6	Déficient
148	266	1, 2, 4, 37, 74, 148	6	Déficient
149	150	1, 149	2	Déficient, premier
150	372	1, 2, 3, 5, 6, 10, 15, 25, 30, 50, 75, 150	12	Abondant
151	152	1, 151	2	Déficient, premier
152	300	1, 2, 4, 8, 19, 38, 76, 152	8	Déficient
153	234	1, 3, 9, 17, 51, 153	6	Déficient
154	288	1, 2, 7, 11, 14, 22, 77, 154	8	Déficient
155	192	1, 5, 31, 155	4	Déficient
156	392	1, 2, 3, 4, 6, 12, 13, 26, 39, 52, 78, 156	12	Abondant
157	158	1, 157	2	Déficient, premier
158	240	1, 2, 79, 158	4	Déficient
159	216	1, 3, 53, 159	4	Déficient
160	378	1, 2, 4, 5, 8, 10, 16, 20, 32, 40, 80, 160	12	Abondant
161	192	1, 7, 23, 161	4	Déficient
162	363	1, 2, 3, 6, 9, 18, 27, 54, 81, 162	10	Abondant
163	164	1, 163	2	Déficient, premier
164	294	1, 2, 4, 41, 82, 164	6	Déficient
165	288	1, 3, 5, 11, 15, 33, 55, 165	8	Déficient
166	252	1, 2, 83, 166	4	Déficient
167	168	1, 167	2	Déficient, premier

n	$\sigma(n)$	$d_k(n)$	$t(n)$	*Type*
168	480	1, 2, 3, 4, 6, 7, 8, 12, 14, 21, 24, 28, 42, 56, 84, 168	16	Abondant
169	183	1, 13, 169	3	Déficient
170	324	1, 2, 5, 10, 17, 34, 85, 170	8	Déficient
171	260	1, 3, 9, 19, 57, 171	6	Déficient
172	308	1, 2, 4, 43, 86, 172	6	Déficient
173	174	1, 173	2	Déficient, premier
174	360	1, 2, 3, 6, 29, 58, 87, 174	8	Abondant
175	248	1, 5, 7, 25, 35, 175	6	Déficient
176	372	1, 2, 4, 8, 11, 16, 22, 44, 88, 176	10	Abondant
177	240	1, 3, 59, 177	4	Déficient
178	270	1, 2, 89, 178	4	Déficient
179	180	1, 179	2	Déficient, premier
180	546	1, 2, 3, 4, 5, 6, 9, 10, 12, 15, 18, 20, 30, 36, 45, 60, 90, 180	18	Abondant
181	182	1, 181	2	Déficient, premier
182	336	1, 2, 7, 13, 14, 26, 91, 182	8	Déficient
183	248	1, 3, 61, 183	4	Déficient
184	360	1, 2, 4, 8, 23, 46, 92, 184	8	Déficient
185	228	1, 5, 37, 185	4	Déficient
186	384	1, 2, 3, 6, 31, 62, 93, 186	8	Abondant
187	216	1, 11, 17, 187	4	Déficient
188	336	1, 2, 4, 47, 94, 188	6	Déficient
189	320	1, 3, 7, 9, 21, 27, 63, 189	8	Déficient
190	360	1, 2, 5, 10, 19, 38, 95, 190	8	Déficient
191	192	1, 191	2	Déficient, premier
192	508	1, 2, 3, 4, 6, 8, 12, 16, 24, 32, 48, 64, 96, 192	14	Abondant
193	194	1, 193	2	Déficient, premier
194	294	1, 2, 97, 194	4	Déficient
195	336	1, 3, 5, 13, 15, 39, 65, 195	8	Déficient
196	399	1, 2, 4, 7, 14, 28, 49, 98, 196	9	Abondant
197	198	1, 197	2	Déficient, premier
198	468	1, 2, 3, 6, 9, 11, 18, 22, 33, 66, 99, 198	12	Abondant
199	200	1, 199	2	Déficient, premier

n	$\sigma(n)$	$d_k(n)$	$t(n)$	*Type*
200	465	1, 2, 4, 5, 8, 10, 20, 25, 40, 50, 100, 200	12	Abondant
201	272	1, 3, 67, 201	4	Déficient
202	306	1, 2, 101, 202	4	Déficient
203	240	1, 7, 29, 203	4	Déficient
204	504	1, 2, 3, 4, 6, 12, 17, 34, 51, 68, 102, 204	12	Abondant
205	252	1, 5, 41, 205	4	Déficient
206	312	1, 2, 103, 206	4	Déficient
207	312	1, 3, 9, 23, 69, 207	6	Déficient
208	434	1, 2, 4, 8, 13, 16, 26, 52, 104, 208	10	Abondant
209	240	1, 11, 19, 209	4	Déficient
210	576	1, 2, 3, 5, 6, 7, 10, 14, 15, 21, 30, 35, 42, 70, 105, 210	16	Abondant
211	212	1, 211	2	Déficient, premier
212	378	1, 2, 4, 53, 106, 212	6	Déficient
213	288	1, 3, 71, 213	4	Déficient
214	324	1, 2, 107, 214	4	Déficient
215	264	1, 5, 43, 215	4	Déficient
216	600	1, 2, 3, 4, 6, 8, 9, 12, 18, 24, 27, 36, 54, 72, 108, 216	16	Abondant
217	256	1, 7, 31, 217	4	Déficient
218	330	1, 2, 109, 218	4	Déficient
219	296	1, 3, 73, 219	4	Déficient
220	504	1, 2, 4, 5, 10, 11, 20, 22, 44, 55, 110, 220	12	Abondant
221	252	1, 13, 17, 221	4	Déficient
222	456	1, 2, 3, 6, 37, 74, 111, 222	8	Abondant
223	224	1, 223	2	Déficient, premier
224	504	1, 2, 4, 7, 8, 14, 16, 28, 32, 56, 112, 224	12	Abondant
225	403	1, 3, 5, 9, 15, 25, 45, 75, 225	9	Déficient
226	342	1, 2, 113, 226	4	Déficient
227	228	1, 227	2	Déficient, premier
228	560	1, 2, 3, 4, 6, 12, 19, 38, 57, 76, 114, 228	12	Abondant
229	230	1, 229	2	Déficient, premier
230	432	1, 2, 5, 10, 23, 46, 115, 230	8	Déficient
231	384	1, 3, 7, 11, 21, 33, 77, 231	8	Déficient
232	450	1, 2, 4, 8, 29, 58, 116, 232	8	Déficient

n	$\sigma(n)$	$d_k(n)$	$t(n)$	*Type*
233	234	1, 233	2	Déficient, premier
234	546	1, 2, 3, 6, 9, 13, 18, 26, 39, 78, 117, 234	12	Abondant
235	288	1, 5, 47, 235	4	Déficient
236	420	1, 2, 4, 59, 118, 236	6	Déficient
237	320	1, 3, 79, 237	4	Déficient
238	432	1, 2, 7, 14, 17, 34, 119, 238	8	Déficient
239	240	1, 239	2	Déficient, premier
240	744	1, 2, 3, 4, 5, 6, 8, 10, 12, 15, 16, 20, 24, 30, 40, 48, 60, 80, 120, 240	20	Abondant
241	242	1, 241	2	Déficient, premier
242	399	1, 2, 11, 22, 121, 242	6	Déficient
243	364	1, 3, 9, 27, 81, 243	6	Déficient
244	434	1, 2, 4, 61, 122, 244	6	Déficient
245	342	1, 5, 7, 35, 49, 245	6	Déficient
246	504	1, 2, 3, 6, 41, 82, 123, 246	8	Abondant
247	280	1, 13, 19, 247	4	Déficient
248	480	1, 2, 4, 8, 31, 62, 124, 248	8	Déficient
249	336	1, 3, 83, 249	4	Déficient
250	468	1, 2, 5, 10, 25, 50, 125, 250	8	Déficient
251	252	1, 251	2	Déficient, premier
252	728	1, 2, 3, 4, 6, 7, 9, 12, 14, 18, 21, 28, 36, 42, 63, 84, 126, 252	18	Abondant
253	288	1, 11, 23, 253	4	Déficient
254	384	1, 2, 127, 254	4	Déficient
255	432	1, 3, 5, 15, 17, 51, 85, 255	8	Déficient
256	511	1, 2, 4, 8, 16, 32, 64, 128, 256	9	Déficient
257	258	1, 257	2	Déficient, premier
258	528	1, 2, 3, 6, 43, 86, 129, 258	8	Abondant
259	304	1, 7, 37, 259	4	Déficient
260	588	1, 2, 4, 5, 10, 13, 20, 26, 52, 65, 130, 260	12	Abondant
261	390	1, 3, 9, 29, 87, 261	6	Déficient
262	396	1, 2, 131, 262	4	Déficient
263	264	1, 263	2	Déficient, premier
264	720	1, 2, 3, 4, 6, 8, 11, 12, 22, 24, 33, 44, 66, 88, 132, 264	16	Abondant

n	$\sigma(n)$	$d_k(n)$	$t(n)$	Type
265	324	1, 5, 53, 265	4	Déficient
266	480	1, 2, 7, 14, 19, 38, 133, 266	8	Déficient
267	360	1, 3, 89, 267	4	Déficient
268	476	1, 2, 4, 67, 134, 268	6	Déficient
269	270	1, 269	2	Déficient, premier
270	720	1, 2, 3, 5, 6, 9, 10, 15, 18, 27, 30, 45, 54, 90, 135, 270	16	Abondant
271	272	1, 271	2	Déficient, premier
272	558	1, 2, 4, 8, 16, 17, 34, 68, 136, 272	10	Abondant
273	448	1, 3, 7, 13, 21, 39, 91, 273	8	Déficient
274	414	1, 2, 137, 274	4	Déficient
275	372	1, 5, 11, 25, 55, 275	6	Déficient
276	672	1, 2, 3, 4, 6, 12, 23, 46, 69, 92, 138, 276	12	Abondant
277	278	1, 277	2	Déficient, premier
278	420	1, 2, 139, 278	4	Déficient
279	416	1, 3, 9, 31, 93, 279	6	Déficient
280	720	1, 2, 4, 5, 7, 8, 10, 14, 20, 28, 35, 40, 56, 70, 140, 280	16	Abondant
281	282	1, 281	2	Déficient, premier
282	576	1, 2, 3, 6, 47, 94, 141, 282	8	Abondant
283	284	1, 283	2	Déficient, premier
284	504	1, 2, 4, 71, 142, 284	6	Déficient
285	480	1, 3, 5, 15, 19, 57, 95, 285	8	Déficient
286	504	1, 2, 11, 13, 22, 26, 143, 286	8	Déficient
287	336	1, 7, 41, 287	4	Déficient
288	819	1, 2, 3, 4, 6, 8, 9, 12, 16, 18, 24, 32, 36, 48, 72, 96, 144, 288	18	Abondant
289	307	1, 17, 289	3	Déficient
290	540	1, 2, 5, 10, 29, 58, 145, 290	8	Déficient
291	392	1, 3, 97, 291	4	Déficient
292	518	1, 2, 4, 73, 146, 292	6	Déficient
293	294	1, 293	2	Déficient, premier
294	684	1, 2, 3, 6, 7, 14, 21, 42, 49, 98, 147, 294	12	Abondant
295	360	1, 5, 59, 295	4	Déficient
296	570	1, 2, 4, 8, 37, 74, 148, 296	8	Déficient

n	$\sigma(n)$	$d_k(n)$	$t(n)$	Type
297	480	1, 3, 9, 11, 27, 33, 99, 297	8	Déficient
298	450	1, 2, 149, 298	4	Déficient
299	336	1, 13, 23, 299	4	Déficient
300	868	1, 2, 3, 4, 5, 6, 10, 12, 15, 20, 25, 30, 50, 60, 75, 100, 150, 300	18	Abondant
301	352	1, 7, 43, 301	4	Déficient
302	456	1, 2, 151, 302	4	Déficient
303	408	1, 3, 101, 303	4	Déficient
304	620	1, 2, 4, 8, 16, 19, 38, 76, 152, 304	10	Abondant
305	372	1, 5, 61, 305	4	Déficient
306	702	1, 2, 3, 6, 9, 17, 18, 34, 51, 102, 153, 306	12	Abondant
307	308	1, 307	2	Déficient, premier
308	672	1, 2, 4, 7, 11, 14, 22, 28, 44, 77, 154, 308	12	Abondant
309	416	1, 3, 103, 309	4	Déficient
310	576	1, 2, 5, 10, 31, 62, 155, 310	8	Déficient
311	312	1, 311	2	Déficient, premier
312	840	1, 2, 3, 4, 6, 8, 12, 13, 24, 26, 39, 52, 78, 104, 156, 312	16	Abondant
313	314	1, 313	2	Déficient, premier
314	474	1, 2, 157, 314	4	Déficient
315	624	1, 3, 5, 7, 9, 15, 21, 35, 45, 63, 105, 315	12	Déficient
316	560	1, 2, 4, 79, 158, 316	6	Déficient
317	318	1, 317	2	Déficient, premier
318	648	1, 2, 3, 6, 53, 106, 159, 318	8	Abondant
319	360	1, 11, 29, 319	4	Déficient
320	762	1, 2, 4, 5, 8, 10, 16, 20, 32, 40, 64, 80, 160, 320	14	Abondant
321	432	1, 3, 107, 321	4	Déficient
322	576	1, 2, 7, 14, 23, 46, 161, 322	8	Déficient
323	360	1, 17, 19, 323	4	Déficient
324	847	1, 2, 3, 4, 6, 9, 12, 18, 27, 36, 54, 81, 108, 162, 324	15	Abondant
325	434	1, 5, 13, 25, 65, 325	6	Déficient
326	492	1, 2, 163, 326	4	Déficient
327	440	1, 3, 109, 327	4	Déficient

n	$\sigma(n)$	$d_k(n)$	$t(n)$	Type
328	630	1, 2, 4, 8, 41, 82, 164, 328	8	Déficient
329	384	1, 7, 47, 329	4	Déficient
330	864	1, 2, 3, 5, 6, 10, 11, 15, 22, 30, 33, 55, 66, 110, 165, 330	16	Abondant
331	332	1, 331	2	Déficient, premier
332	588	1, 2, 4, 83, 166, 332	6	Déficient
333	494	1, 3, 9, 37, 111, 333	6	Déficient
334	504	1, 2, 167, 334	4	Déficient
335	408	1, 5, 67, 335	4	Déficient
336	992	1, 2, 3, 4, 6, 7, 8, 12, 14, 16, 21, 24, 28, 42, 48, 56, 84, 112, 168, 336	20	Abondant
337	338	1, 337	2	Déficient, premier
338	549	1, 2, 13, 26, 169, 338	6	Déficient
339	456	1, 3, 113, 339	4	Déficient
340	756	1, 2, 4, 5, 10, 17, 20, 34, 68, 85, 170, 340	12	Abondant
341	384	1, 11, 31, 341	4	Déficient
342	780	1, 2, 3, 6, 9, 18, 19, 38, 57, 114, 171, 342	12	Abondant
343	400	1, 7, 49, 343	4	Déficient
344	660	1, 2, 4, 8, 43, 86, 172, 344	8	Déficient
345	576	1, 3, 5, 15, 23, 69, 115, 345	8	Déficient
346	522	1, 2, 173, 346	4	Déficient
347	348	1, 347	2	Déficient, premier
348	840	1, 2, 3, 4, 6, 12, 29, 58, 87, 116, 174, 348	12	Abondant
349	350	1, 349	2	Déficient, premier
350	744	1, 2, 5, 7, 10, 14, 25, 35, 50, 70, 175, 350	12	Abondant
351	560	1, 3, 9, 13, 27, 39, 117, 351	8	Déficient
352	756	1, 2, 4, 8, 11, 16, 22, 32, 44, 88, 176, 352	12	Abondant
353	354	1, 353	2	Déficient, premier
354	720	1, 2, 3, 6, 59, 118, 177, 354	8	Abondant
355	432	1, 5, 71, 355	4	Déficient
356	630	1, 2, 4, 89, 178, 356	6	Déficient
357	576	1, 3, 7, 17, 21, 51, 119, 357	8	Déficient
358	540	1, 2, 179, 358	4	Déficient
359	360	1, 359	2	Déficient, premier

n	$\sigma(n)$	$d_k(n)$	$t(n)$	*Type*
360	1 170	1, 2, 3, 4, 5, 6, 8, 9, 10, 12, 15, 18, 20, 24, 30, 36, 40, 45, 60, 72, 90, 120, 180, 360	24	Abondant
361	381	1, 19, 361	3	Déficient
362	546	1, 2, 181, 362	4	Déficient
363	532	1, 3, 11, 33, 121, 363	6	Déficient
364	784	1, 2, 4, 7, 13, 14, 26, 28, 52, 91, 182, 364	12	Abondant
365	444	1, 5, 73, 365	4	Déficient
366	744	1, 2, 3, 6, 61, 122, 183, 366	8	Abondant
367	368	1, 367	2	Déficient, premier
368	744	1, 2, 4, 8, 16, 23, 46, 92, 184, 368	10	Abondant
369	546	1, 3, 9, 41, 123, 369	6	Déficient
370	684	1, 2, 5, 10, 37, 74, 185, 370	8	Déficient
371	432	1, 7, 53, 371	4	Déficient
372	896	1, 2, 3, 4, 6, 12, 31, 62, 93, 124, 186, 372	12	Abondant
373	374	1, 373	2	Déficient, premier
374	648	1, 2, 11, 17, 22, 34, 187, 374	8	Déficient
375	624	1, 3, 5, 15, 25, 75, 125, 375	8	Déficient
376	720	1, 2, 4, 8, 47, 94, 188, 376	8	Déficient
377	420	1, 13, 29, 377	4	Déficient
378	960	1, 2, 3, 6, 7, 9, 14, 18, 21, 27, 42, 54, 63, 126, 189, 378	16	Abondant
379	380	1, 379	2	Déficient, premier
380	840	1, 2, 4, 5, 10, 19, 20, 38, 76, 95, 190, 380	12	Abondant
381	512	1, 3, 127, 381	4	Déficient
382	576	1, 2, 191, 382	4	Déficient
383	384	1, 383	2	Déficient, premier
384	1 020	1, 2, 3, 4, 6, 8, 12, 16, 24, 32, 48, 64, 96, 128, 192, 384	16	Abondant
385	576	1, 5, 7, 11, 35, 55, 77, 385	8	Déficient
386	582	1, 2, 193, 386	4	Déficient
387	572	1, 3, 9, 43, 129, 387	6	Déficient
388	686	1, 2, 4, 97, 194, 388	6	Déficient
389	390	1, 389	2	Déficient, premier

n	$\sigma(n)$	$d_k(n)$	$t(n)$	*Type*
390	1 008	1, 2, 3, 5, 6, 10, 13, 15, 26, 30, 39, 65, 78, 130, 195, 390	16	Abondant
391	432	1, 17, 23, 391	4	Déficient
392	855	1, 2, 4, 7, 8, 14, 28, 49, 56, 98, 196, 392	12	Abondant
393	528	1, 3, 131, 393	4	Déficient
394	594	1, 2, 197, 394	4	Déficient
395	480	1, 5, 79, 395	4	Déficient
396	1 092	1, 2, 3, 4, 6, 9, 11, 12, 18, 22, 33, 36, 44, 66, 99, 132, 198, 396	18	Abondant
397	398	1, 397	2	Déficient, premier
398	600	1, 2, 199, 398	4	Déficient
399	640	1, 3, 7, 19, 21, 57, 133, 399	8	Déficient
400	961	1, 2, 4, 5, 8, 10, 16, 20, 25, 40, 50, 80, 100, 200, 400	15	Abondant
401	402	1, 401	2	Déficient, premier
402	816	1, 2, 3, 6, 67, 134, 201, 402	8	Abondant
403	448	1, 13, 31, 403	4	Déficient
404	714	1, 2, 4, 101, 202, 404	6	Déficient
405	726	1, 3, 5, 9, 15, 27, 45, 81, 135, 405	10	Déficient
406	720	1, 2, 7, 14, 29, 58, 203, 406	8	Déficient
407	456	1, 11, 37, 407	4	Déficient
408	1 080	1, 2, 3, 4, 6, 8, 12, 17, 24, 34, 51, 68, 102, 136, 204, 408	16	Abondant
409	410	1, 409	2	Déficient, premier
410	756	1, 2, 5, 10, 41, 82, 205, 410	8	Déficient
411	552	1, 3, 137, 411	4	Déficient
412	728	1, 2, 4, 103, 206, 412	6	Déficient
413	480	1, 7, 59, 413	4	Déficient
414	936	1, 2, 3, 6, 9, 18, 23, 46, 69, 138, 207, 414	12	Abondant
415	504	1, 5, 83, 415	4	Déficient
416	882	1, 2, 4, 8, 13, 16, 26, 32, 52, 104, 208, 416	12	Abondant
417	560	1, 3, 139, 417	4	Déficient
418	720	1, 2, 11, 19, 22, 38, 209, 418	8	Déficient
419	420	1, 419	2	Déficient, premier

n	$\sigma(n)$	$d_k(n)$	$t(n)$	*Type*
420	1 344	1, 2, 3, 4, 5, 6, 7, 10, 12, 14, 15, 20, 21, 28, 30, 35, 42, 60, 70, 84, 105, 140, 210, 420	24	Abondant
421	422	1, 421	2	Déficient, premier
422	636	1, 2, 211, 422	4	Déficient
423	624	1, 3, 9, 47, 141, 423	6	Déficient
424	810	1, 2, 4, 8, 53, 106, 212, 424	8	Déficient
425	558	1, 5, 17, 25, 85, 425	6	Déficient
426	864	1, 2, 3, 6, 71, 142, 213, 426	8	Abondant
427	496	1, 7, 61, 427	4	Déficient
428	756	1, 2, 4, 107, 214, 428	6	Déficient
429	672	1, 3, 11, 13, 33, 39, 143, 429	8	Déficient
430	792	1, 2, 5, 10, 43, 86, 215, 430	8	Déficient
431	432	1, 431	2	Déficient, premier
432	1 240	1, 2, 3, 4, 6, 8, 9, 12, 16, 18, 24, 27, 36, 48, 54, 72, 108, 144, 216, 432	20	Abondant
433	434	1, 433	2	Déficient, premier
434	768	1, 2, 7, 14, 31, 62, 217, 434	8	Déficient
435	720	1, 3, 5, 15, 29, 87, 145, 435	8	Déficient
436	770	1, 2, 4, 109, 218, 436	6	Déficient
437	480	1, 19, 23, 437	4	Déficient
438	888	1, 2, 3, 6, 73, 146, 219, 438	8	Abondant
439	440	1, 439	2	Déficient, premier
440	1 080	1, 2, 4, 5, 8, 10, 11, 20, 22, 40, 44, 55, 88, 110, 220, 440	16	Abondant
441	741	1, 3, 7, 9, 21, 49, 63, 147, 441	9	Déficient
442	756	1, 2, 13, 17, 26, 34, 221, 442	8	Déficient
443	444	1, 443	2	Déficient, premier
444	1 064	1, 2, 3, 4, 6, 12, 37, 74, 111, 148, 222, 444	12	Abondant
445	540	1, 5, 89, 445	4	Déficient
446	672	1, 2, 223, 446	4	Déficient
447	600	1, 3, 149, 447	4	Déficient
448	1 016	1, 2, 4, 7, 8, 14, 16, 28, 32, 56, 64, 112, 224, 448	14	Abondant

n	$\sigma(n)$	$d_k(n)$	$t(n)$	*Type*
449	450	1, 449	2	Déficient, premier
450	1 209	1, 2, 3, 5, 6, 9, 10, 15, 18, 25, 30, 45, 50, 75, 90, 150, 225, 450	18	Abondant
451	504	1, 11, 41, 451	4	Déficient
452	798	1, 2, 4, 113, 226, 452	6	Déficient
453	608	1, 3, 151, 453	4	Déficient
454	684	1, 2, 227, 454	4	Déficient
455	672	1, 5, 7, 13, 35, 65, 91, 455	8	Déficient
456	1 200	1, 2, 3, 4, 6, 8, 12, 19, 24, 38, 57, 76, 114, 152, 228, 456	16	Abondant
457	458	1, 457	2	Déficient, premier
458	690	1, 2, 229, 458	4	Déficient
459	720	1, 3, 9, 17, 27, 51, 153, 459	8	Déficient
460	1 008	1, 2, 4, 5, 10, 20, 23, 46, 92, 115, 230, 460	12	Abondant
461	462	1, 461	2	Déficient, premier
462	1 152	1, 2, 3, 6, 7, 11, 14, 21, 22, 33, 42, 66, 77, 154, 231, 462	16	Abondant
463	464	1, 463	2	Déficient, premier
464	930	1, 2, 4, 8, 16, 29, 58, 116, 232, 464	10	Abondant
465	768	1, 3, 5, 15, 31, 93, 155, 465	8	Déficient
466	702	1, 2, 233, 466	4	Déficient
467	468	1, 467	2	Déficient, premier
468	1 274	1, 2, 3, 4, 6, 9, 12, 13, 18, 26, 36, 39, 52, 78, 117, 156, 234, 468	18	Abondant
469	544	1, 7, 67, 469	4	Déficient
470	864	1, 2, 5, 10, 47, 94, 235, 470	8	Déficient
471	632	1, 3, 157, 471	4	Déficient
472	900	1, 2, 4, 8, 59, 118, 236, 472	8	Déficient
473	528	1, 11, 43, 473	4	Déficient
474	960	1, 2, 3, 6, 79, 158, 237, 474	8	Abondant
475	620	1, 5, 19, 25, 95, 475	6	Déficient
476	1 008	1, 2, 4, 7, 14, 17, 28, 34, 68, 119, 238, 476	12	Abondant
477	702	1, 3, 9, 53, 159, 477	6	Déficient

n	$\sigma(n)$	$d_k(n)$	$t(n)$	*Type*
478	720	1, 2, 239, 478	4	Déficient
479	480	1, 479	2	Déficient, premier
480	1 512	1, 2, 3, 4, 5, 6, 8, 10, 12, 15, 16, 20, 24, 30, 32, 40, 48, 60, 80, 96, 120, 160, 240, 480	24	Abondant
481	532	1, 13, 37, 481	4	Déficient
482	726	1, 2, 241, 482	4	Déficient
483	768	1, 3, 7, 21, 23, 69, 161, 483	8	Déficient
484	931	1, 2, 4, 11, 22, 44, 121, 242, 484	9	Déficient
485	588	1, 5, 97, 485	4	Déficient
486	1 092	1, 2, 3, 6, 9, 18, 27, 54, 81, 162, 243, 486	12	Abondant
487	488	1, 487	2	Déficient, premier
488	930	1, 2, 4, 8, 61, 122, 244, 488	8	Déficient
489	656	1, 3, 163, 489	4	Déficient
490	1 026	1, 2, 5, 7, 10, 14, 35, 49, 70, 98, 245, 490	12	Abondant
491	492	1, 491	2	Déficient, premier
492	1 176	1, 2, 3, 4, 6, 12, 41, 82, 123, 164, 246, 492	12	Abondant
493	540	1, 17, 29, 493	4	Déficient
494	840	1, 2, 13, 19, 26, 38, 247, 494	8	Déficient
495	936	1, 3, 5, 9, 11, 15, 33, 45, 55, 99, 165, 495	12	Déficient
496	992	1, 2, 4, 8, 16, 31, 62, 124, 248, 496	10	Parfait
497	576	1, 7, 71, 497	4	Déficient
498	1 008	1, 2, 3, 6, 83, 166, 249, 498	8	Abondant
499	500	1, 499	2	Déficient, premier
500	1 092	1, 2, 4, 5, 10, 20, 25, 50, 100, 125, 250, 500	12	Abondant
501	672	1, 3, 167, 501	4	Déficient
502	756	1, 2, 251, 502	4	Déficient
503	504	1, 503	2	Déficient, premier
504	1 560	1, 2, 3, 4, 6, 7, 8, 9, 12, 14, 18, 21, 24, 28, 36, 42, 56, 63, 72, 84, 126, 168, 252, 504	24	Abondant
505	612	1, 5, 101, 505	4	Déficient
506	864	1, 2, 11, 22, 23, 46, 253, 506	8	Déficient

n	$\sigma(n)$	$d_k(n)$	$t(n)$	*Type*
507	732	1, 3, 13, 39, 169, 507	6	Déficient
508	896	1, 2, 4, 127, 254, 508	6	Déficient
509	510	1, 509	2	Déficient, premier
510	1 296	1, 2, 3, 5, 6, 10, 15, 17, 30, 34, 51, 85, 102, 170, 255, 510	16	Abondant
511	592	1, 7, 73, 511	4	Déficient
512	1 023	1, 2, 4, 8, 16, 32, 64, 128, 256, 512	10	Déficient
513	800	1, 3, 9, 19, 27, 57, 171, 513	8	Déficient
514	774	1, 2, 257, 514	4	Déficient
515	624	1, 5, 103, 515	4	Déficient
516	1 232	1, 2, 3, 4, 6, 12, 43, 86, 129, 172, 258, 516	12	Abondant
517	576	1, 11, 47, 517	4	Déficient
518	912	1, 2, 7, 14, 37, 74, 259, 518	8	Déficient
519	696	1, 3, 173, 519	4	Déficient
520	1 260	1, 2, 4, 5, 8, 10, 13, 20, 26, 40, 52, 65, 104, 130, 260, 520	16	Abondant
521	522	1, 521	2	Déficient, premier
522	1 170	1, 2, 3, 6, 9, 18, 29, 58, 87, 174, 261, 522	12	Abondant
523	524	1, 523	2	Déficient, premier
524	924	1, 2, 4, 131, 262, 524	6	Déficient
525	992	1, 3, 5, 7, 15, 21, 25, 35, 75, 105, 175, 525	12	Déficient
526	792	1, 2, 263, 526	4	Déficient
527	576	1, 17, 31, 527	4	Déficient
528	1 488	1, 2, 3, 4, 6, 8, 11, 12, 16, 22, 24, 33, 44, 48, 66, 88, 132, 176, 264, 528	20	Abondant
529	553	1, 23, 529	3	Déficient
530	972	1, 2, 5, 10, 53, 106, 265, 530	8	Déficient
531	780	1, 3, 9, 59, 177, 531	6	Déficient
532	1 120	1, 2, 4, 7, 14, 19, 28, 38, 76, 133, 266, 532	12	Abondant
533	588	1, 13, 41, 533	4	Déficient
534	1 080	1, 2, 3, 6, 89, 178, 267, 534	8	Abondant
535	648	1, 5, 107, 535	4	Déficient

n	$\sigma(n)$	$d_k(n)$	$t(n)$	$Type$
536	1 020	1, 2, 4, 8, 67, 134, 268, 536	8	Déficient
537	720	1, 3, 179, 537	4	Déficient
538	810	1, 2, 269, 538	4	Déficient
539	684	1, 7, 11, 49, 77, 539	6	Déficient
540	1 680	1, 2, 3, 4, 5, 6, 9, 10, 12, 15, 18, 20, 27, 30, 36, 45, 54, 60, 90, 108, 135, 180, 270, 540	24	Abondant
541	542	1, 541	2	Déficient, premier
542	816	1, 2, 271, 542	4	Déficient
543	728	1, 3, 181, 543	4	Déficient
544	1 134	1, 2, 4, 8, 16, 17, 32, 34, 68, 136, 272, 544	12	Abondant
545	660	1, 5, 109, 545	4	Déficient
546	1 344	1, 2, 3, 6, 7, 13, 14, 21, 26, 39, 42, 78, 91, 182, 273, 546	16	Abondant
547	548	1, 547	2	Déficient, premier
548	966	1, 2, 4, 137, 274, 548	6	Déficient
549	806	1, 3, 9, 61, 183, 549	6	Déficient
550	1 116	1, 2, 5, 10, 11, 22, 25, 50, 55, 110, 275, 550	12	Abondant
551	600	1, 19, 29, 551	4	Déficient
552	1 440	1, 2, 3, 4, 6, 8, 12, 23, 24, 46, 69, 92, 138, 184, 276, 552	16	Abondant
553	640	1, 7, 79, 553	4	Déficient
554	834	1, 2, 277, 554	4	Déficient
555	912	1, 3, 5, 15, 37, 111, 185, 555	8	Déficient
556	980	1, 2, 4, 139, 278, 556	6	Déficient
557	558	1, 557	2	Déficient, premier
558	1 248	1, 2, 3, 6, 9, 18, 31, 62, 93, 186, 279, 558	12	Abondant
559	616	1, 13, 43, 559	4	Déficient
560	1 488	1, 2, 4, 5, 7, 8, 10, 14, 16, 20, 28, 35, 40, 56, 70, 80, 112, 140, 280, 560	20	Abondant
561	864	1, 3, 11, 17, 33, 51, 187, 561	8	Déficient
562	846	1, 2, 281, 562	4	Déficient
563	564	1, 563	2	Déficient, premier

n	$\sigma(n)$	$d_k(n)$	$t(n)$	Type
564	1 344	1, 2, 3, 4, 6, 12, 47, 94, 141, 188, 282, 564	12	Abondant
565	684	1, 5, 113, 565	4	Déficient
566	852	1, 2, 283, 566	4	Déficient
567	968	1, 3, 7, 9, 21, 27, 63, 81, 189, 567	10	Déficient
568	1 080	1, 2, 4, 8, 71, 142, 284, 568	8	Déficient
569	570	1, 569	2	Déficient, premier
570	1 440	1, 2, 3, 5, 6, 10, 15, 19, 30, 38, 57, 95, 114, 190, 285, 570	16	Abondant
571	572	1, 571	2	Déficient, premier
572	1 176	1, 2, 4, 11, 13, 22, 26, 44, 52, 143, 286, 572	12	Abondant
573	768	1, 3, 191, 573	4	Déficient
574	1 008	1, 2, 7, 14, 41, 82, 287, 574	8	Déficient
575	744	1, 5, 23, 25, 115, 575	6	Déficient
576	1 651	1, 2, 3, 4, 6, 8, 9, 12, 16, 18, 24, 32, 36, 48, 64, 72, 96, 144, 192, 288, 576	21	Abondant
577	578	1, 577	2	Déficient, premier
578	921	1, 2, 17, 34, 289, 578	6	Déficient
579	776	1, 3, 193, 579	4	Déficient
580	1 260	1, 2, 4, 5, 10, 20, 29, 58, 116, 145, 290, 580	12	Abondant
581	672	1, 7, 83, 581	4	Déficient
582	1 176	1, 2, 3, 6, 97, 194, 291, 582	8	Abondant
583	648	1, 11, 53, 583	4	Déficient
584	1 110	1, 2, 4, 8, 73, 146, 292, 584	8	Déficient
585	1 092	1, 3, 5, 9, 13, 15, 39, 45, 65, 117, 195, 585	12	Déficient
586	882	1, 2, 293, 586	4	Déficient
587	588	1, 587	2	Déficient, premier
588	1 596	1, 2, 3, 4, 6, 7, 12, 14, 21, 28, 42, 49, 84, 98, 147, 196, 294, 588	18	Abondant
589	640	1, 19, 31, 589	4	Déficient
590	1 080	1, 2, 5, 10, 59, 118, 295, 590	8	Déficient
591	792	1, 3, 197, 591	4	Déficient

n	$\sigma(n)$	$d_k(n)$	$t(n)$	Type
592	1 178	1, 2, 4, 8, 16, 37, 74, 148, 296, 592	10	Déficient
593	594	1, 593	2	Déficient, premier
594	1 440	1, 2, 3, 6, 9, 11, 18, 22, 27, 33, 54, 66, 99, 198, 297, 594	16	Abondant
595	864	1, 5, 7, 17, 35, 85, 119, 595	8	Déficient
596	1 050	1, 2, 4, 149, 298, 596	6	Déficient
597	800	1, 3, 199, 597	4	Déficient
598	1 008	1, 2, 13, 23, 26, 46, 299, 598	8	Déficient
599	600	1, 599	2	Déficient, premier
600	1 860	1, 2, 3, 4, 5, 6, 8, 10, 12, 15, 20, 24, 25, 30, 40, 50, 60, 75, 100, 120, 150, 200, 300, 600	24	Abondant
601	602	1, 601	2	Déficient, premier
602	1 056	1, 2, 7, 14, 43, 86, 301, 602	8	Déficient
603	884	1, 3, 9, 67, 201, 603	6	Déficient
604	1 064	1, 2, 4, 151, 302, 604	6	Déficient
605	798	1, 5, 11, 55, 121, 605	6	Déficient
606	1 224	1, 2, 3, 6, 101, 202, 303, 606	8	Abondant
607	608	1, 607	2	Déficient, premier
608	1 260	1, 2, 4, 8, 16, 19, 32, 38, 76, 152, 304, 608	12	Abondant
609	960	1, 3, 7, 21, 29, 87, 203, 609	8	Déficient
610	1 116	1, 2, 5, 10, 61, 122, 305, 610	8	Déficient
611	672	1, 13, 47, 611	4	Déficient
612	1 638	1, 2, 3, 4, 6, 9, 12, 17, 18, 34, 36, 51, 68, 102, 153, 204, 306, 612	18	Abondant
613	614	1, 613	2	Déficient, premier
614	924	1, 2, 307, 614	4	Déficient
615	1 008	1, 3, 5, 15, 41, 123, 205, 615	8	Déficient
616	1 440	1, 2, 4, 7, 8, 11, 14, 22, 28, 44, 56, 77, 88, 154, 308, 616	16	Abondant
617	618	1, 617	2	Déficient, premier
618	1 248	1, 2, 3, 6, 103, 206, 309, 618	8	Abondant
619	620	1, 619	2	Déficient, premier

n	$\sigma(n)$	$d_k(n)$	$t(n)$	*Type*
620	1 344	1, 2, 4, 5, 10, 20, 31, 62, 124, 155, 310, 620	12	Abondant
621	960	1, 3, 9, 23, 27, 69, 207, 621	8	Déficient
622	936	1, 2, 311, 622	4	Déficient
623	720	1, 7, 89, 623	4	Déficient
624	1 736	1, 2, 3, 4, 6, 8, 12, 13, 16, 24, 26, 39, 48, 52, 78, 104, 156, 208, 312, 624	20	Abondant
625	781	1, 5, 25, 125, 625	5	Déficient
626	942	1, 2, 313, 626	4	Déficient
627	960	1, 3, 11, 19, 33, 57, 209, 627	8	Déficient
628	1 106	1, 2, 4, 157, 314, 628	6	Déficient
629	684	1, 17, 37, 629	4	Déficient
630	1 872	1, 2, 3, 5, 6, 7, 9, 10, 14, 15, 18, 21, 30, 35, 42, 45, 63, 70, 90, 105, 126, 210, 315, 630	24	Abondant
631	632	1, 631	2	Déficient, premier
632	1 200	1, 2, 4, 8, 79, 158, 316, 632	8	Déficient
633	848	1, 3, 211, 633	4	Déficient
634	954	1, 2, 317, 634	4	Déficient
635	768	1, 5, 127, 635	4	Déficient
636	1 512	1, 2, 3, 4, 6, 12, 53, 106, 159, 212, 318, 636	12	Abondant
637	798	1, 7, 13, 49, 91, 637	6	Déficient
638	1 080	1, 2, 11, 22, 29, 58, 319, 638	8	Déficient
639	936	1, 3, 9, 71, 213, 639	6	Déficient
640	1 530	1, 2, 4, 5, 8, 10, 16, 20, 32, 40, 64, 80, 128, 160, 320, 640	16	Abondant
641	642	1, 641	2	Déficient, premier
642	1 296	1, 2, 3, 6, 107, 214, 321, 642	8	Abondant
643	644	1, 643	2	Déficient, premier
644	1 344	1, 2, 4, 7, 14, 23, 28, 46, 92, 161, 322, 644	12	Abondant
645	1 056	1, 3, 5, 15, 43, 129, 215, 645	8	Déficient
646	1 080	1, 2, 17, 19, 34, 38, 323, 646	8	Déficient
647	648	1, 647	2	Déficient, premier

n	$\sigma(n)$	$d_k(n)$	$t(n)$	*Type*
648	1815	1, 2, 3, 4, 6, 8, 9, 12, 18, 24, 27, 36, 54, 72, 81, 108, 162, 216, 324, 648	20	Abondant
649	720	1, 11, 59, 649	4	Déficient
650	1302	1, 2, 5, 10, 13, 25, 26, 50, 65, 130, 325, 650	12	Abondant
651	1024	1, 3, 7, 21, 31, 93, 217, 651	8	Déficient
652	1148	1, 2, 4, 163, 326, 652	6	Déficient
653	654	1, 653	2	Déficient, premier
654	1320	1, 2, 3, 6, 109, 218, 327, 654	8	Abondant
655	792	1, 5, 131, 655	4	Déficient
656	1302	1, 2, 4, 8, 16, 41, 82, 164, 328, 656	10	Déficient
657	962	1, 3, 9, 73, 219, 657	6	Déficient
658	1152	1, 2, 7, 14, 47, 94, 329, 658	8	Déficient
659	660	1, 659	2	Déficient, premier
660	2016	1, 2, 3, 4, 5, 6, 10, 11, 12, 15, 20, 22, 30, 33, 44, 55, 60, 66, 110, 132, 165, 220, 330, 660	24	Abondant
661	662	1, 661	2	Déficient, premier
662	996	1, 2, 331, 662	4	Déficient
663	1008	1, 3, 13, 17, 39, 51, 221, 663	8	Déficient
664	1260	1, 2, 4, 8, 83, 166, 332, 664	8	Déficient
665	960	1, 5, 7, 19, 35, 95, 133, 665	8	Déficient
666	1482	1, 2, 3, 6, 9, 18, 37, 74, 111, 222, 333, 666	12	Abondant
667	720	1, 23, 29, 667	4	Déficient
668	1176	1, 2, 4, 167, 334, 668	6	Déficient
669	896	1, 3, 223, 669	4	Déficient
670	1224	1, 2, 5, 10, 67, 134, 335, 670	8	Déficient
671	744	1, 11, 61, 671	4	Déficient
672	2016	1, 2, 3, 4, 6, 7, 8, 12, 14, 16, 21, 24, 28, 32, 42, 48, 56, 84, 96, 112, 168, 224, 336, 672	24	Abondant
673	674	1, 673	2	Déficient, premier
674	1014	1, 2, 337, 674	4	Déficient

n	$\sigma(n)$	$d_k(n)$	$t(n)$	Type
675	1 240	1, 3, 5, 9, 15, 25, 27, 45, 75, 135, 225, 675	12	Déficient
676	1 281	1, 2, 4, 13, 26, 52, 169, 338, 676	9	Déficient
677	678	1, 677	2	Déficient, premier
678	1 368	1, 2, 3, 6, 113, 226, 339, 678	8	Abondant
679	784	1, 7, 97, 679	4	Déficient
680	1 620	1, 2, 4, 5, 8, 10, 17, 20, 34, 40, 68, 85, 136, 170, 340, 680	16	Abondant
681	912	1, 3, 227, 681	4	Déficient
682	1 152	1, 2, 11, 22, 31, 62, 341, 682	8	Déficient
683	684	1, 683	2	Déficient, premier
684	1 820	1, 2, 3, 4, 6, 9, 12, 18, 19, 36, 38, 57, 76, 114, 171, 228, 342, 684	18	Abondant
685	828	1, 5, 137, 685	4	Déficient
686	1 200	1, 2, 7, 14, 49, 98, 343, 686	8	Déficient
687	920	1, 3, 229, 687	4	Déficient
688	1 364	1, 2, 4, 8, 16, 43, 86, 172, 344, 688	10	Déficient
689	756	1, 13, 53, 689	4	Déficient
690	1 728	1, 2, 3, 5, 6, 10, 15, 23, 30, 46, 69, 115, 138, 230, 345, 690	16	Abondant
691	692	1, 691	2	Déficient, premier
692	1 218	1, 2, 4, 173, 346, 692	6	Déficient
693	1 248	1, 3, 7, 9, 11, 21, 33, 63, 77, 99, 231, 693	12	Déficient
694	1 044	1, 2, 347, 694	4	Déficient
695	840	1, 5, 139, 695	4	Déficient
696	1 800	1, 2, 3, 4, 6, 8, 12, 24, 29, 58, 87, 116, 174, 232, 348, 696	16	Abondant
697	756	1, 17, 41, 697	4	Déficient
698	1 050	1, 2, 349, 698	4	Déficient
699	936	1, 3, 233, 699	4	Déficient
700	1 736	1, 2, 4, 5, 7, 10, 14, 20, 25, 28, 35, 50, 70, 100, 140, 175, 350, 700	18	Abondant
701	702	1, 701	2	Déficient, premier
702	1 680	1, 2, 3, 6, 9, 13, 18, 26, 27, 39, 54, 78, 117, 234, 351, 702	16	Abondant

n	$\sigma(n)$	$d_k(n)$	$t(n)$	Type
703	760	1, 19, 37, 703	4	Déficient
704	1 524	1, 2, 4, 8, 11, 16, 22, 32, 44, 64, 88, 176, 352, 704	14	Abondant
705	1 152	1, 3, 5, 15, 47, 141, 235, 705	8	Déficient
706	1 062	1, 2, 353, 706	4	Déficient
707	816	1, 7, 101, 707	4	Déficient
708	1 680	1, 2, 3, 4, 6, 12, 59, 118, 177, 236, 354, 708	12	Abondant
709	710	1, 709	2	Déficient, premier
710	1 296	1, 2, 5, 10, 71, 142, 355, 710	8	Déficient
711	1 040	1, 3, 9, 79, 237, 711	6	Déficient
712	1 350	1, 2, 4, 8, 89, 178, 356, 712	8	Déficient
713	768	1, 23, 31, 713	4	Déficient
714	1 728	1, 2, 3, 6, 7, 14, 17, 21, 34, 42, 51, 102, 119, 238, 357, 714	16	Abondant
715	1 008	1, 5, 11, 13, 55, 65, 143, 715	8	Déficient
716	1 260	1, 2, 4, 179, 358, 716	6	Déficient
717	960	1, 3, 239, 717	4	Déficient
718	1 080	1, 2, 359, 718	4	Déficient
719	720	1, 719	2	Déficient, premier
720	2 418	1, 2, 3, 4, 5, 6, 8, 9, 10, 12, 15, 16, 18, 20, 24, 30, 36, 40, 45, 48, 60, 72, 80, 90, 120, 144, 180, 240, 360, 720	30	Abondant
721	832	1, 7, 103, 721	4	Déficient
722	1 143	1, 2, 19, 38, 361, 722	6	Déficient
723	968	1, 3, 241, 723	4	Déficient
724	1 274	1, 2, 4, 181, 362, 724	6	Déficient
725	930	1, 5, 25, 29, 145, 725	6	Déficient
726	1 596	1, 2, 3, 6, 11, 22, 33, 66, 121, 242, 363, 726	12	Abondant
727	728	1, 727	2	Déficient, premier
728	1 680	1, 2, 4, 7, 8, 13, 14, 26, 28, 52, 56, 91, 104, 182, 364, 728	16	Abondant
729	1 093	1, 3, 9, 27, 81, 243, 729	7	Déficient
730	1 332	1, 2, 5, 10, 73, 146, 365, 730	8	Déficient

n	$\sigma(n)$	$d_k(n)$	$t(n)$	Type
731	792	1, 17, 43, 731	4	Déficient
732	1 736	1, 2, 3, 4, 6, 12, 61, 122, 183, 244, 366, 732	12	Abondant
733	734	1, 733	2	Déficient, premier
734	1 104	1, 2, 367, 734	4	Déficient
735	1 368	1, 3, 5, 7, 15, 21, 35, 49, 105, 147, 245, 735	12	Déficient
736	1 512	1, 2, 4, 8, 16, 23, 32, 46, 92, 184, 368, 736	12	Abondant
737	816	1, 11, 67, 737	4	Déficient
738	1 638	1, 2, 3, 6, 9, 18, 41, 82, 123, 246, 369, 738	12	Abondant
739	740	1, 739	2	Déficient, premier
740	1 596	1, 2, 4, 5, 10, 20, 37, 74, 148, 185, 370, 740	12	Abondant
741	1 120	1, 3, 13, 19, 39, 57, 247, 741	8	Déficient
742	1 296	1, 2, 7, 14, 53, 106, 371, 742	8	Déficient
743	744	1, 743	2	Déficient, premier
744	1 920	1, 2, 3, 4, 6, 8, 12, 24, 31, 62, 93, 124, 186, 248, 372, 744	16	Abondant
745	900	1, 5, 149, 745	4	Déficient
746	1 122	1, 2, 373, 746	4	Déficient
747	1 092	1, 3, 9, 83, 249, 747	6	Déficient
748	1 512	1, 2, 4, 11, 17, 22, 34, 44, 68, 187, 374, 748	12	Abondant
749	864	1, 7, 107, 749	4	Déficient
750	1 872	1, 2, 3, 5, 6, 10, 15, 25, 30, 50, 75, 125, 150, 250, 375, 750	16	Abondant
751	752	1, 751	2	Déficient, premier
752	1 488	1, 2, 4, 8, 16, 47, 94, 188, 376, 752	10	Déficient
753	1 008	1, 3, 251, 753	4	Déficient
754	1 260	1, 2, 13, 26, 29, 58, 377, 754	8	Déficient
755	912	1, 5, 151, 755	4	Déficient

n	$\sigma(n)$	$d_k(n)$	$t(n)$	*Type*
756	2 240	1, 2, 3, 4, 6, 7, 9, 12, 14, 18, 21, 27, 28, 36, 42, 54, 63, 84, 108, 126, 189, 252, 378, 756	24	Abondant
757	758	1, 757	2	Déficient, premier
758	1 140	1, 2, 379, 758	4	Déficient
759	1 152	1, 3, 11, 23, 33, 69, 253, 759	8	Déficient
760	1 800	1, 2, 4, 5, 8, 10, 19, 20, 38, 40, 76, 95, 152, 190, 380, 760	16	Abondant
761	762	1, 761	2	Déficient, premier
762	1 536	1, 2, 3, 6, 127, 254, 381, 762	8	Abondant
763	880	1, 7, 109, 763	4	Déficient
764	1 344	1, 2, 4, 191, 382, 764	6	Déficient
765	1 404	1, 3, 5, 9, 15, 17, 45, 51, 85, 153, 255, 765	12	Déficient
766	1 152	1, 2, 383, 766	4	Déficient
767	840	1, 13, 59, 767	4	Déficient
768	2 044	1, 2, 3, 4, 6, 8, 12, 16, 24, 32, 48, 64, 96, 128, 192, 256, 384, 768	18	Abondant
769	770	1, 769	2	Déficient, premier
770	1 728	1, 2, 5, 7, 10, 11, 14, 22, 35, 55, 70, 77, 110, 154, 385, 770	16	Abondant
771	1 032	1, 3, 257, 771	4	Déficient
772	1 358	1, 2, 4, 193, 386, 772	6	Déficient
773	774	1, 773	2	Déficient, premier
774	1 716	1, 2, 3, 6, 9, 18, 43, 86, 129, 258, 387, 774	12	Abondant
775	992	1, 5, 25, 31, 155, 775	6	Déficient
776	1 470	1, 2, 4, 8, 97, 194, 388, 776	8	Déficient
777	1 216	1, 3, 7, 21, 37, 111, 259, 777	8	Déficient
778	1 170	1, 2, 389, 778	4	Déficient
779	840	1, 19, 41, 779	4	Déficient
780	2 352	1, 2, 3, 4, 5, 6, 10, 12, 13, 15, 20, 26, 30, 39, 52, 60, 65, 78, 130, 156, 195, 260, 390, 780	24	Abondant
781	864	1, 11, 71, 781	4	Déficient

n	$\sigma(n)$	$d_k(n)$	$t(n)$	*Type*
782	1 296	1, 2, 17, 23, 34, 46, 391, 782	8	Déficient
783	1 200	1, 3, 9, 27, 29, 87, 261, 783	8	Déficient
784	1 767	1, 2, 4, 7, 8, 14, 16, 28, 49, 56, 98, 112, 196, 392, 784	15	Abondant
785	948	1, 5, 157, 785	4	Déficient
786	1 584	1, 2, 3, 6, 131, 262, 393, 786	8	Abondant
787	788	1, 787	2	Déficient, premier
788	1 386	1, 2, 4, 197, 394, 788	6	Déficient
789	1 056	1, 3, 263, 789	4	Déficient
790	1 440	1, 2, 5, 10, 79, 158, 395, 790	8	Déficient
791	912	1, 7, 113, 791	4	Déficient
792	2 340	1, 2, 3, 4, 6, 8, 9, 11, 12, 18, 22, 24, 33, 36, 44, 66, 72, 88, 99, 132, 198, 264, 396, 792	24	Abondant
793	868	1, 13, 61, 793	4	Déficient
794	1 194	1, 2, 397, 794	4	Déficient
795	1 296	1, 3, 5, 15, 53, 159, 265, 795	8	Déficient
796	1 400	1, 2, 4, 199, 398, 796	6	Déficient
797	798	1, 797	2	Déficient, premier
798	1 920	1, 2, 3, 6, 7, 14, 19, 21, 38, 42, 57, 114, 133, 266, 399, 798	16	Abondant
799	864	1, 17, 47, 799	4	Déficient
800	1 953	1, 2, 4, 5, 8, 10, 16, 20, 25, 32, 40, 50, 80, 100, 160, 200, 400, 800	18	Abondant
801	1 170	1, 3, 9, 89, 267, 801	6	Déficient
802	1 206	1, 2, 401, 802	4	Déficient
803	888	1, 11, 73, 803	4	Déficient
804	1 904	1, 2, 3, 4, 6, 12, 67, 134, 201, 268, 402, 804	12	Abondant
805	1 152	1, 5, 7, 23, 35, 115, 161, 805	8	Déficient
806	1 344	1, 2, 13, 26, 31, 62, 403, 806	8	Déficient
807	1 080	1, 3, 269, 807	4	Déficient
808	1 530	1, 2, 4, 8, 101, 202, 404, 808	8	Déficient
809	810	1, 809	2	Déficient, premier

n	$\sigma(n)$	$d_k(n)$	$t(n)$	*Type*
810	2 178	1, 2, 3, 5, 6, 9, 10, 15, 18, 27, 30, 45, 54, 81, 90, 135, 162, 270, 405, 810	20	Abondant
811	812	1, 811	2	Déficient, premier
812	1 680	1, 2, 4, 7, 14, 28, 29, 58, 116, 203, 406, 812	12	Abondant
813	1 088	1, 3, 271, 813	4	Déficient
814	1 368	1, 2, 11, 22, 37, 74, 407, 814	8	Déficient
815	984	1, 5, 163, 815	4	Déficient
816	2 232	1, 2, 3, 4, 6, 8, 12, 16, 17, 24, 34, 48, 51, 68, 102, 136, 204, 272, 408, 816	20	Abondant
817	880	1, 19, 43, 817	4	Déficient
818	1 230	1, 2, 409, 818	4	Déficient
819	1 456	1, 3, 7, 9, 13, 21, 39, 63, 91, 117, 273, 819	12	Déficient
820	1 764	1, 2, 4, 5, 10, 20, 41, 82, 164, 205, 410, 820	12	Abondant
821	822	1, 821	2	Déficient, premier
822	1 656	1, 2, 3, 6, 137, 274, 411, 822	8	Abondant
823	824	1, 823	2	Déficient, premier
824	1 560	1, 2, 4, 8, 103, 206, 412, 824	8	Déficient
825	1 488	1, 3, 5, 11, 15, 25, 33, 55, 75, 165, 275, 825	12	Déficient
826	1 440	1, 2, 7, 14, 59, 118, 413, 826	8	Déficient
827	828	1, 827	2	Déficient, premier
828	2 184	1, 2, 3, 4, 6, 9, 12, 18, 23, 36, 46, 69, 92, 138, 207, 276, 414, 828	18	Abondant
829	830	1, 829	2	Déficient, premier
830	1 512	1, 2, 5, 10, 83, 166, 415, 830	8	Déficient
831	1 112	1, 3, 277, 831	4	Déficient
832	1 778	1, 2, 4, 8, 13, 16, 26, 32, 52, 64, 104, 208, 416, 832	14	Abondant
833	1 026	1, 7, 17, 49, 119, 833	6	Déficient
834	1 680	1, 2, 3, 6, 139, 278, 417, 834	8	Abondant
835	1 008	1, 5, 167, 835	4	Déficient

n	$\sigma(n)$	$d_k(n)$	$t(n)$	Type
836	1 680	1, 2, 4, 11, 19, 22, 38, 44, 76, 209, 418, 836	12	Abondant
837	1 280	1, 3, 9, 27, 31, 93, 279, 837	8	Déficient
838	1 260	1, 2, 419, 838	4	Déficient
839	840	1, 839	2	Déficient, premier
840	2 880	1, 2, 3, 4, 5, 6, 7, 8, 10, 12, 14, 15, 20, 21, 24, 28, 30, 35, 40, 42, 56, 60, 70, 84, 105, 120, 140, 168, 210, 280, 420, 840	32	Abondant
841	871	1, 29, 841	3	Déficient
842	1 266	1, 2, 421, 842	4	Déficient
843	1 128	1, 3, 281, 843	4	Déficient
844	1 484	1, 2, 4, 211, 422, 844	6	Déficient
845	1 098	1, 5, 13, 65, 169, 845	6	Déficient
846	1 872	1, 2, 3, 6, 9, 18, 47, 94, 141, 282, 423, 846	12	Abondant
847	1 064	1, 7, 11, 77, 121, 847	6	Déficient
848	1 674	1, 2, 4, 8, 16, 53, 106, 212, 424, 848	10	Déficient
849	1 136	1, 3, 283, 849	4	Déficient
850	1 674	1, 2, 5, 10, 17, 25, 34, 50, 85, 170, 425, 850	12	Déficient
851	912	1, 23, 37, 851	4	Déficient
852	2 016	1, 2, 3, 4, 6, 12, 71, 142, 213, 284, 426, 852	12	Abondant
853	854	1, 853	2	Déficient, premier
854	1 488	1, 2, 7, 14, 61, 122, 427, 854	8	Déficient
855	1 560	1, 3, 5, 9, 15, 19, 45, 57, 95, 171, 285, 855	12	Déficient
856	1 620	1, 2, 4, 8, 107, 214, 428, 856	8	Déficient
857	858	1, 857	2	Déficient, premier
858	2 016	1, 2, 3, 6, 11, 13, 22, 26, 33, 39, 66, 78, 143, 286, 429, 858	16	Abondant
859	860	1, 859	2	Déficient, premier
860	1 848	1, 2, 4, 5, 10, 20, 43, 86, 172, 215, 430, 860	12	Abondant
861	1 344	1, 3, 7, 21, 41, 123, 287, 861	8	Déficient

n	$\sigma(n)$	$d_k(n)$	$t(n)$	*Type*
862	1 296	1, 2, 431, 862	4	Déficient
863	864	1, 863	2	Déficient, premier
864	2 520	1, 2, 3, 4, 6, 8, 9, 12, 16, 18, 24, 27, 32, 36, 48, 54, 72, 96, 108, 144, 216, 288, 432, 864	24	Abondant
865	1 044	1, 5, 173, 865	4	Déficient
866	1 302	1, 2, 433, 866	4	Déficient
867	1 228	1, 3, 17, 51, 289, 867	6	Déficient
868	1 792	1, 2, 4, 7, 14, 28, 31, 62, 124, 217, 434, 868	12	Abondant
869	960	1, 11, 79, 869	4	Déficient
870	2 160	1, 2, 3, 5, 6, 10, 15, 29, 30, 58, 87, 145, 174, 290, 435, 870	16	Abondant
871	952	1, 13, 67, 871	4	Déficient
872	1 650	1, 2, 4, 8, 109, 218, 436, 872	8	Déficient
873	1 274	1, 3, 9, 97, 291, 873	6	Déficient
874	1 440	1, 2, 19, 23, 38, 46, 437, 874	8	Déficient
875	1 248	1, 5, 7, 25, 35, 125, 175, 875	8	Déficient
876	2 072	1, 2, 3, 4, 6, 12, 73, 146, 219, 292, 438, 876	12	Abondant
877	878	1, 877	2	Déficient, premier
878	1 320	1, 2, 439, 878	4	Déficient
879	1 176	1, 3, 293, 879	4	Déficient
880	2 232	1, 2, 4, 5, 8, 10, 11, 16, 20, 22, 40, 44, 55, 80, 88, 110, 176, 220, 440, 880	20	Abondant
881	882	1, 881	2	Déficient, premier
882	2 223	1, 2, 3, 6, 7, 9, 14, 18, 21, 42, 49, 63, 98, 126, 147, 294, 441, 882	18	Abondant
883	884	1, 883	2	Déficient, premier
884	1 764	1, 2, 4, 13, 17, 26, 34, 52, 68, 221, 442, 884	12	Déficient
885	1 440	1, 3, 5, 15, 59, 177, 295, 885	8	Déficient
886	1 332	1, 2, 443, 886	4	Déficient
887	888	1, 887	2	Déficient, premier

n	$\sigma(n)$	$d_k(n)$	$t(n)$	Type
888	2 280	1, 2, 3, 4, 6, 8, 12, 24, 37, 74, 111, 148, 222, 296, 444, 888	16	Abondant
889	1 024	1, 7, 127, 889	4	Déficient
890	1 620	1, 2, 5, 10, 89, 178, 445, 890	8	Déficient
891	1 452	1, 3, 9, 11, 27, 33, 81, 99, 297, 891	10	Déficient
892	1 568	1, 2, 4, 223, 446, 892	6	Déficient
893	960	1, 19, 47, 893	4	Déficient
894	1 800	1, 2, 3, 6, 149, 298, 447, 894	8	Abondant
895	1 080	1, 5, 179, 895	4	Déficient
896	2 040	1, 2, 4, 7, 8, 14, 16, 28, 32, 56, 64, 112, 128, 224, 448, 896	16	Abondant
897	1 344	1, 3, 13, 23, 39, 69, 299, 897	8	Déficient
898	1 350	1, 2, 449, 898	4	Déficient
899	960	1, 29, 31, 899	4	Déficient
900	2 821	1, 2, 3, 4, 5, 6, 9, 10, 12, 15, 18, 20, 25, 30, 36, 45, 50, 60, 75, 90, 100, 150, 180, 225, 300, 450, 900	27	Abondant
901	972	1, 17, 53, 901	4	Déficient
902	1 512	1, 2, 11, 22, 41, 82, 451, 902	8	Déficient
903	1 408	1, 3, 7, 21, 43, 129, 301, 903	8	Déficient
904	1 710	1, 2, 4, 8, 113, 226, 452, 904	8	Déficient
905	1 092	1, 5, 181, 905	4	Déficient
906	1 824	1, 2, 3, 6, 151, 302, 453, 906	8	Abondant
907	908	1, 907	2	Déficient, premier
908	1 596	1, 2, 4, 227, 454, 908	6	Déficient
909	1 326	1, 3, 9, 101, 303, 909	6	Déficient
910	2 016	1, 2, 5, 7, 10, 13, 14, 26, 35, 65, 70, 91, 130, 182, 455, 910	16	Abondant
911	912	1, 911	2	Déficient, premier
912	2 480	1, 2, 3, 4, 6, 8, 12, 16, 19, 24, 38, 48, 57, 76, 114, 152, 228, 304, 456, 912	20	Abondant
913	1 008	1, 11, 83, 913	4	Déficient
914	1 374	1, 2, 457, 914	4	Déficient
915	1 488	1, 3, 5, 15, 61, 183, 305, 915	8	Déficient
916	1 610	1, 2, 4, 229, 458, 916	6	Déficient

n	$\sigma(n)$	$d_k(n)$	$t(n)$	*Type*
917	1056	1, 7, 131, 917	4	Déficient
918	2 160	1, 2, 3, 6, 9, 17, 18, 27, 34, 51, 54, 102, 153, 306, 459, 918	16	Abondant
919	920	1, 919	2	Déficient, premier
920	2 160	1, 2, 4, 5, 8, 10, 20, 23, 40, 46, 92, 115, 184, 230, 460, 920	16	Abondant
921	1232	1, 3, 307, 921	4	Déficient
922	1386	1, 2, 461, 922	4	Déficient
923	1008	1, 13, 71, 923	4	Déficient
924	2 688	1, 2, 3, 4, 6, 7, 11, 12, 14, 21, 22, 28, 33, 42, 44, 66, 77, 84, 132, 154, 231, 308, 462, 924	24	Abondant
925	1 178	1, 5, 25, 37, 185, 925	6	Déficient
926	1 392	1, 2, 463, 926	4	Déficient
927	1 352	1, 3, 9, 103, 309, 927	6	Déficient
928	1 890	1, 2, 4, 8, 16, 29, 32, 58, 116, 232, 464, 928	12	Abondant
929	930	1, 929	2	Déficient, premier
930	2 304	1, 2, 3, 5, 6, 10, 15, 30, 31, 62, 93, 155, 186, 310, 465, 930	16	Abondant
931	1 140	1, 7, 19, 49, 133, 931	6	Déficient
932	1 638	1, 2, 4, 233, 466, 932	6	Déficient
933	1 248	1, 3, 311, 933	4	Déficient
934	1 404	1, 2, 467, 934	4	Déficient
935	1 296	1, 5, 11, 17, 55, 85, 187, 935	8	Déficient
936	2 730	1, 2, 3, 4, 6, 8, 9, 12, 13, 18, 24, 26, 36, 39, 52, 72, 78, 104, 117, 156, 234, 312, 468, 936	24	Abondant
937	938	1, 937	2	Déficient, premier
938	1 632	1, 2, 7, 14, 67, 134, 469, 938	8	Déficient
939	1 256	1, 3, 313, 939	4	Déficient
940	2 016	1, 2, 4, 5, 10, 20, 47, 94, 188, 235, 470, 940	12	Abondant
941	942	1, 941	2	Déficient, premier
942	1 896	1, 2, 3, 6, 157, 314, 471, 942	8	Abondant

n	$\sigma(n)$	$d_k(n)$	$t(n)$	*Type*
943	1 008	1, 23, 41, 943	4	Déficient
944	1 860	1, 2, 4, 8, 16, 59, 118, 236, 472, 944	10	Déficient
945	1 920	1, 3, 5, 7, 9, 15, 21, 27, 35, 45, 63, 105, 135, 189, 315, 945	16	Abondant
946	1 584	1, 2, 11, 22, 43, 86, 473, 946	8	Déficient
947	948	1, 947	2	Déficient, premier
948	2 240	1, 2, 3, 4, 6, 12, 79, 158, 237, 316, 474, 948	12	Abondant
949	1 036	1, 13, 73, 949	4	Déficient
950	1 860	1, 2, 5, 10, 19, 25, 38, 50, 95, 190, 475, 950	12	Déficient
951	1 272	1, 3, 317, 951	4	Déficient
952	2 160	1, 2, 4, 7, 8, 14, 17, 28, 34, 56, 68, 119, 136, 238, 476, 952	16	Abondant
953	954	1, 953	2	Déficient, premier
954	2 106	1, 2, 3, 6, 9, 18, 53, 106, 159, 318, 477, 954	12	Abondant
955	1 152	1, 5, 191, 955	4	Déficient
956	1 680	1, 2, 4, 239, 478, 956	6	Déficient
957	1 440	1, 3, 11, 29, 33, 87, 319, 957	8	Déficient
958	1 440	1, 2, 479, 958	4	Déficient
959	1 104	1, 7, 137, 959	4	Déficient
960	3 048	1, 2, 3, 4, 5, 6, 8, 10, 12, 15, 16, 20, 24, 30, 32, 40, 48, 60, 64, 80, 96, 120, 160, 192, 240, 320, 480, 960	28	Abondant
961	993	1, 31, 961	3	Déficient
962	1 596	1, 2, 13, 26, 37, 74, 481, 962	8	Déficient
963	1 404	1, 3, 9, 107, 321, 963	6	Déficient
964	1 694	1, 2, 4, 241, 482, 964	6	Déficient
965	1 164	1, 5, 193, 965	4	Déficient
966	2 304	1, 2, 3, 6, 7, 14, 21, 23, 42, 46, 69, 138, 161, 322, 483, 966	16	Abondant
967	968	1, 967	2	Déficient, premier
968	1 995	1, 2, 4, 8, 11, 22, 44, 88, 121, 242, 484, 968	12	Abondant

n	$\sigma(n)$	$d_k(n)$	$t(n)$	*Type*
969	1 440	1, 3, 17, 19, 51, 57, 323, 969	8	Déficient
970	1 764	1, 2, 5, 10, 97, 194, 485, 970	8	Déficient
971	972	1, 971	2	Déficient, premier
972	2 548	1, 2, 3, 4, 6, 9, 12, 18, 27, 36, 54, 81, 108, 162, 243, 324, 486, 972	18	Abondant
973	1 120	1, 7, 139, 973	4	Déficient
974	1 464	1, 2, 487, 974	4	Déficient
975	1 736	1, 3, 5, 13, 15, 25, 39, 65, 75, 195, 325, 975	12	Déficient
976	1 922	1, 2, 4, 8, 16, 61, 122, 244, 488, 976	10	Déficient
977	978	1, 977	2	Déficient, premier
978	1 968	1, 2, 3, 6, 163, 326, 489, 978	8	Abondant
979	1 080	1, 11, 89, 979	4	Déficient
980	2 394	1, 2, 4, 5, 7, 10, 14, 20, 28, 35, 49, 70, 98, 140, 196, 245, 490, 980	18	Abondant
981	1 430	1, 3, 9, 109, 327, 981	6	Déficient
982	1 476	1, 2, 491, 982	4	Déficient
983	984	1, 983	2	Déficient, premier
984	2 520	1, 2, 3, 4, 6, 8, 12, 24, 41, 82, 123, 164, 246, 328, 492, 984	16	Abondant
985	1 188	1, 5, 197, 985	4	Déficient
986	1 620	1, 2, 17, 29, 34, 58, 493, 986	8	Déficient
987	1 536	1, 3, 7, 21, 47, 141, 329, 987	8	Déficient
988	1 960	1, 2, 4, 13, 19, 26, 38, 52, 76, 247, 494, 988	12	Déficient
989	1 056	1, 23, 43, 989	4	Déficient
990	2 808	1, 2, 3, 5, 6, 9, 10, 11, 15, 18, 22, 30, 33, 45, 55, 66, 90, 99, 110, 165, 198, 330, 495, 990	24	Abondant
991	992	1, 991	2	Déficient, premier
992	2 016	1, 2, 4, 8, 16, 31, 32, 62, 124, 248, 496, 992	12	Abondant
993	1 328	1, 3, 331, 993	4	Déficient
994	1 728	1, 2, 7, 14, 71, 142, 497, 994	8	Déficient
995	1 200	1, 5, 199, 995	4	Déficient

n	$\sigma(n)$	$d_k(n)$	$t(n)$	Type
996	2 352	1, 2, 3, 4, 6, 12, 83, 166, 249, 332, 498, 996	12	Abondant
997	998	1, 997	2	Déficient, premier
998	1 500	1, 2, 499, 998	4	Déficient
999	1 520	1, 3, 9, 27, 37, 111, 333, 999	8	Déficient
1 000	2 340	1, 2, 4, 5, 8, 10, 20, 25, 40, 50, 100, 125, 200, 250, 500, 1000	16	Abondant

Soit :

Nombres	Quantité	%
Déficients	751	75,10%
Abondants	246	24,60%
Parfaits	3	0,30%
Total	**1000**	**100,00%**
Dont premiers	168	16,80%

NOMBRES PARFAITS